**essentials**

*Essentials* liefern aktuelles Wissen in konzentrierter Form. Die Essenz dessen, worauf es als „State-of-the-Art" in der gegenwärtigen Fachdiskussion oder in der Praxis ankommt. *Essentials* informieren schnell, unkompliziert und verständlich

- als Einführung in ein aktuelles Thema aus Ihrem Fachgebiet
- als Einstieg in ein für Sie noch unbekanntes Themenfeld
- als Einblick, um zum Thema mitreden zu können

Die Bücher in elektronischer und gedruckter Form bringen das Fachwissen von Springerautor*innen kompakt zur Darstellung. Sie sind besonders für die Nutzung als eBook auf Tablet-PCs, eBook-Readern und Smartphones geeignet. *Essentials* sind Wissensbausteine aus den Wirtschafts-, Sozial- und Geisteswissenschaften, aus Technik und Naturwissenschaften sowie aus Medizin, Psychologie und Gesundheitsberufen. Von renommierten Autor*innen aller Springer-Verlagsmarken.

Werner Grünewald ·
Hans-Joachim Mittag

# Statistische Indikatoren

Möglichkeiten und Grenzen –
Eine Einführung mit Beispielen aus
Wirtschafts-, Sozial- und
Umweltpolitik

Werner Grünewald
Konz, Deutschland

Hans-Joachim Mittag
ehemals AB Statistik und quantitative
Methoden an der FernUniversität
in Hagen
Wetter / Ruhr, Deutschland

ISSN 2197-6708 ISSN 2197-6716 (electronic)
essentials
ISBN 978-3-662-71285-6 ISBN 978-3-662-71286-3 (eBook)
https://doi.org/10.1007/978-3-662-71286-3

Die Deutsche Nationalbibliothek verzeichnet diese Publikation in der Deutschen Nationalbibliografie; detaillierte bibliografische Daten sind im Internet über https://portal.dnb.de abrufbar.

© Der/die Herausgeber bzw. der/die Autor(en), exklusiv lizenziert an Springer-Verlag GmbH, DE, ein Teil von Springer Nature 2025

Das Werk einschließlich aller seiner Teile ist urheberrechtlich geschützt. Jede Verwertung, die nicht ausdrücklich vom Urheberrechtsgesetz zugelassen ist, bedarf der vorherigen Zustimmung des Verlags. Das gilt insbesondere für Vervielfältigungen, Bearbeitungen, Übersetzungen, Mikroverfilmungen und die Einspeicherung und Verarbeitung in elektronischen Systemen.
Die Wiedergabe von allgemein beschreibenden Bezeichnungen, Marken, Unternehmensnamen etc. in diesem Werk bedeutet nicht, dass diese frei durch jede Person benutzt werden dürfen. Die Berechtigung zur Benutzung unterliegt, auch ohne gesonderten Hinweis hierzu, den Regeln des Markenrechts. Die Rechte des/der jeweiligen Zeicheninhaber*in sind zu beachten.
Der Verlag, die Autor*innen und die Herausgeber*innen gehen davon aus, dass die Angaben und Informationen in diesem Werk zum Zeitpunkt der Veröffentlichung vollständig und korrekt sind. Weder der Verlag noch die Autor*innen oder die Herausgeber*innen übernehmen, ausdrücklich oder implizit, Gewähr für den Inhalt des Werkes, etwaige Fehler oder Äußerungen. Der Verlag bleibt im Hinblick auf geografische Zuordnungen und Gebietsbezeichnungen in veröffentlichten Karten und Institutionsadressen neutral.

Planung/Lektorat: Iris Ruhmann
Springer Spektrum ist ein Imprint der eingetragenen Gesellschaft Springer-Verlag GmbH, DE und ist ein Teil von Springer Nature.
Die Anschrift der Gesellschaft ist: Heidelberger Platz 3, 14197 Berlin, Germany

Wenn Sie dieses Produkt entsorgen, geben Sie das Papier bitte zum Recycling.

# Was Sie in diesem *essential* finden können

- Eine verständliche Klärung, was statistische Indikatoren sind und wozu sie gebraucht werden
- Gütekriterien für die Bewertung statistischer Indikatoren
- Eine Unterscheidung von einfachen und zusammengesetzten Indikatoren
- Eine Vorstellung und Bewertung ausgewählter Indikatoren aus den Politikfeldern Wirtschaft, Soziales und Umwelt
- Empfehlungen für die sachadäquate Anwendung statistischer Indikatoren in der Praxis

# Vorwort

Indikatoren sind allgegenwärtig. Sie begegnen uns im Alltag, im Beruf oder in den Medien, wenn diese zum Beispiel über Wirtschafts-, Sozial- und Umweltpolitik berichten – Bereiche, in denen statistische Indikatoren gesamtgesellschaftlich besonders wichtig sind. Sie dienen dazu, gesellschaftliche Entwicklungen zu verfolgen, zu bewerten und gegebenenfalls Maßnahmen einzuleiten.

Man findet Anwendungen von Indikatoren auch außerhalb der Politik, etwa im Sport oder in der Medizin. Als Indikator für den sportlichen Erfolg eines Landes wird z. B. der Medaillenspiegel einer Olympiade herangezogen. Dabei fällt auf, dass dieser in Europa und den USA unterschiedlich ausfällt, weil die Medaillenarten in den beiden genannten Weltregionen unterschiedlich gewichtet werden.[1]

Die weite Verbreitung und große Beliebtheit von Indikatoren erklärt sich vor allem damit, dass sie umfassende Information auf eine einzige Kennzahl reduzieren und damit den Eindruck einer einfachen und eindeutigen Tatsachenbeschreibung hervorrufen. Entsprechend werden sie oft zur argumentativen Absicherung von Entscheidungen herangezogen. Inwieweit Indikatoren dies leisten können, soll hier untersucht werden.

Die Ausprägungen der von uns thematisierten Indikatoren sind stets numerische Größen. Man kann daher präzisierend von *statistischen Indikatoren* sprechen.[2] Wir unterdrücken im Folgenden der Einfachheit und besseren Lesbarkeit halber das Attribut „statistische" und sprechen nur kurz von *Indikatoren*.

---

[1] Unter https://www.mittag-statistik.de/app/medaillenspiegel/ wird dies am Beispiel des Medaillenspiegels für die Sommerolympiade 2024 illustriert.

[2] In der Chemie sind Indikatoren Stoffe, mit denen sich Zustandsänderungen bei chemischen Prozessen erkennen lassen. Hier wird also, wie auch gelegentlich im Alltag, ohne Bezug zu numerischen Werten von Indikatoren gesprochen.

Dieses Buch richtet sich an alle, die sich für Indikatoren interessieren und sie in ihrem Alltag verwenden, sei es im Beruf, in der täglichen Kommunikation, im Unterricht oder in der Wissenschaft. Er soll explizit auch interessierte Laien erreichen, die z. B. in den Medien diskutierte Indikatorwerte verstehen und eventuell kritisch hinterfragen wollen. In der Realität gibt es selbst für ein- und dasselbe „Thema" mehrere Indikatoren. Dann stellt sich natürlich sofort die Frage, ob es für dieses „Thema" nicht den einen, den „besten" Indikator gibt. Anders gefragt: Gibt es Gütekriterien für Indikatoren?

Das vorliegende Werk beschränkt sich auf die Vorstellung ausgewählter Indikatoren. Vorrangig werden Indikatoren aus den Politikfeldern Wirtschaft, Soziales und Umwelt ausgewählt und bewertet, die eine besonders große Gesellschaftsrelevanz besitzen. Die Ausführungen sind aber so allgemein, dass sie sich problemlos auch auf andere Bereiche übertragen lassen, in denen Indikatoren eingesetzt werden, etwa in Medizin und Technik, im Alltag von Unternehmen und Verbänden oder in den Medien.

Wir danken Herrn Dr. Chakresh K. Singh von der Münchner Fa. Stat-Up für die Erstellung der Grafiken und Herrn Dr. J. Recktenwald, Trier, sowie Herrn Dr. M. Eiglsperger, Frankfurt, für wertvolle Kommentare. Frau Iris Ruhmann, Programmplanerin für Mathematik/Statistik beim Springer Verlag, hat die Entstehung dieses Essential-Bandes engagiert begleitet und unterstützt. Vom Verlag sind wir auch Frau Geetha Muthuraman sehr verpflichtet. Sie koordiniert die technische Produktion dieses Werks.

| | |
|---|---|
| Konz und Wetter / Ruhr | Werner Grünewald |
| im März 2025 | Hans-Joachim Mittag |

# Inhaltsverzeichnis

1 **Einleitung** .................................................... 1
  1.1 Der Indikatorbegriff ........................................ 1
  1.2 Gütekriterien für Indikatoren ............................... 2
  1.3 Zusammengesetzte Indikatoren ............................. 6

2 **Indikatoren in der Praxis** ..................................... 9
  2.1 Verbreitung von Indikatoren und Relevanz der Gütekriterien .... 9
  2.2 Zusammengesetzte Indikatoren und Indikatorensysteme ........ 10

3 **Vorstellung und Bewertung ausgewählter Indikatoren** .......... 13
  3.1 Wirtschaftsindikatoren ..................................... 13
    3.1.1 Wirtschaftsleistung und Wirtschaftswachstum ........... 13
    3.1.2 Beschäftigung ....................................... 16
    3.1.3 Geldwertstabilität ................................... 18
    3.1.4 Wirtschaftsentwicklung .............................. 22
    3.1.5 Einkommen ......................................... 24
  3.2 Sozialindikatoren .......................................... 27
    3.2.1 Armut .............................................. 27
    3.2.2 Bevölkerungsentwicklung ............................ 29
  3.3 Umweltindikatoren ......................................... 34
    3.3.1 Klimawandel: Output an klimaschädlichen Gasen ....... 34
    3.3.2 Klimawandel: Input an erneuerbaren Energien .......... 36
    3.3.3 Verbrauch natürlicher Ressourcen und Recycling ........ 39

| | | | |
|---|---|---|---|
| 3.4 | Weitere praxisrelevante Indikatoren | | 41 |
| | 3.4.1 | Lebensqualität | 41 |
| | 3.4.2 | Verteidigungsfähigkeit eines Landes | 44 |
| **4** | **Fazit und Schlussfolgerungen** | | **47** |

Was Sie aus diesem *essential* mitnehmen können ..................... 49

Literatur ........................................................ 51

# Über die Autoren

**Dr. Werner Grünewald**
Konz, Deutschland
westgrun@yahoo.de

**Prof. Dr. Hans-Joachim Mittag**
Wetter / Ruhr, Deutschland,
ehemals AB Statistik und quantitative Methoden
an der FernUniversität in Hagen
mail@mittag-statistik.de

# Einleitung 1

In der Einführung klären wir zunächst den Indikatorbegriff und präsentieren erste Beispiele. Anschließend werden Kriterien vorgestellt, mit denen sich die Qualität von Indikatoren beurteilen lässt. Zum Schluss erklären wir den Unterschied zwischen einfachen und zusammengesetzten Indikatoren und skizzieren zusätzliche methodische Herausforderungen bei Verwendung zusammengesetzter Indikatoren.

## 1.1 Der Indikatorbegriff

Das deutsche Nomen „Indikator" *(engl: indicator)* geht auf das lateinische Verb „indicare", also „anzeigen", zurück. Ein Indikator ist also ein „Anzeiger". Er bezeichnet eine messbare Größe, die einen nicht direkt oder nur mit einem unverhältnismäßig hohen Aufwand messbaren Sachverhalt abbilden soll, mit diesem also sachlogisch verknüpft ist.[1] Für **Indikatoren** – hier und im Folgenden genauer: **statistische Indikatoren** – können demnach im Gegensatz zu den eigentlich interessierenden Sachverhalten stets numerische Werte angegeben werden.

Sachverhalte und damit verbundene Indikatoren sind allgegenwärtig. Gesellschaftsrelevante Sachverhalte sind etwa die Wirtschaftskraft eines Landes, die Stabilität einer Währung, die Lebensqualität in einem Land oder die Luftqualität in einer Stadt. Um für jeden dieser Sachverhalte einen Eindruck von

---

[1] Zur Definition des Indikatorbegriffs vgl. u. a. Meyer (2017, S. 17 f.), Meyer (2023, S. 7–15) und die dort aufgeführte einschlägige Literatur.

© Der/die Autor(en), exklusiv lizenziert an Springer-Verlag GmbH, DE, ein Teil von Springer Nature 2025
W. Grünewald und H.-J. Mittag, *Statistische Indikatoren*, essentials,
https://doi.org/10.1007/978-3-662-71286-3_1

ihrer Größe zu gewinnen, muss auf einen Indikator, also ein messbares Merkmal, zurückgegriffen werden, das den eigentlich interessierenden Sachverhalt zu einem bestimmten Zeitpunkt oder Zeitraum möglichst realitätsnah abbildet. Der konkrete numerische Wert des Indikators hat dabei zunächst keinerlei Aussagekraft. Er erhält sie erst durch die sachlogische Verknüpfung mit dem eigentlich interessierenden Sachverhalt.

Denkbare Indikatoren für die genannten Sachverhalte sind das Bruttoinlandsprodukt, die Inflationsrate, der Human Development Index der Vereinten Nationen und die Feinstaubbelastung. Allerdings sind für die beispielhaft aufgeführten Sachverhalte auch andere Indikatoren denkbar und in Gebrauch. Es gibt also in aller Regel nicht nur einen Indikator für einen Sachverhalt. Stattdessen gibt es häufig eine Vielzahl möglicher Indikatoren, die angewendet werden können oder zumindest geeignet erscheinen. Die Herausforderung für den Nutzer besteht dann darin zu entscheiden, welcher Indikator am besten geeignet ist, den eigentlich interessierenden Sachverhalt abzubilden („anzuzeigen").

Indikatoren werden auf unterschiedliche Weisen gebildet. Aus statistisch-methodischer Sicht können Indikatoren Verhältniszahlen sein, Wachstumsraten, Anteile, Summen, Mittelwerte, Streuungsmaße, aber auch Preis-, Mengen- und Wertindizes.[2] Letztere sind gewichtete Messzahlen, wie sie aus der deskriptiven Statistik bekannt sind. Man könnte diese Indikatoren als Indizes im engeren Sinne bezeichnen, denn der Begriff „Index" wird bei Indikatoren auch in einem weiteren Kontext verwendet (Indizes im weiteren Sinn)[3]: Beispiele sind Indizes, bei denen die einzelnen Messwerte auf einen Bezugswert normiert werden. Hierzu gehören Messwerte einer Zeitreihe, die im Verhältnis zu dem Indikatorwert für einen bestimmten Zeitpunkt bzw. Zeitraum (etwa: Wert für 2020 = 100) oder eine bestimmte räumliche Einheit (etwa: Wert für die EU = 100) ausgewiesen werden.

## 1.2 Gütekriterien für Indikatoren

Es gibt in aller Regel nicht nur einen möglichen Indikator zur Beschreibung eines nicht direkt oder nur sehr schwer messbaren Sachverhalts. Dies stellt Produzenten und vor allem Nutzer von Indikatoren vor die Frage, welcher der angebotenen

---

[2] Vgl. auch Mittag/Schüller (2023, Kap. 8).
[3] Allgemein gilt: Nicht jeder Indikator ist ein Index (Beispiel: BIP pro Kopf oder durchschnittliches Haushaltseinkommen), aber jeder Index kann auch als Indikator verwendet werden.

## 1.2 Gütekriterien für Indikatoren

bzw. verfügbaren Indikatoren am besten zur Darstellung des Sachverhalts in einer konkreten Situation geeignet ist und daher verwendet werden sollte. Hilfestellung zur Beantwortung dieser Frage kann ein Blick auf die Eigenschaften der zur Verfügung stehenden bzw. ins Auge gefassten Indikatoren geben. Hierbei ergibt sich allerdings eine weitere Herausforderung: Es gibt bis heute kein allgemein anerkanntes Verständnis darüber, welche Eigenschaften ein Indikator grundsätzlich haben sollte, damit er als „gut geeignet" zu qualifizieren ist.

Die Literatur gibt hier ein eher diffuses Bild.[4] Die folgende Zusammenstellung ist ein praxistaugliches, aus Literaturhinweisen abgeleitetes System wünschenswerter Eigenschaften von Indikatoren. Die Anwendung dieses Sets von *Gütekriterien* wird später an Beispielen konkretisiert.

*G1: Begriffsnähe*
Bei der Eigenschaft „Begriffsnähe" geht es um die Abschätzung der Nähe eines Indikators zu dem interessierenden Sachverhalt.[5,6] Die „Begriffsnähe" ist umso größer, je adäquater ein Indikator für die Messung des Merkmals eingeschätzt wird. Eine *direkte* Messung der Begriffsnähe – beispielsweise mithilfe eines metrischen Abstandsmaßes – ist aufgrund der subjektiven Einschätzung des Begriffs nur auf ordinalem Niveau auf der Basis verfügbarer Informationen realistisch und sinnvoll.

*G2: Genauigkeit*
Die Eigenschaft „Genauigkeit" *(synonym: Reliabilität)* bezieht sich auf die „Qualität" der Messwerte eines Indikators. Sie orientiert sich an der Dimension „Genauigkeit und Zuverlässigkeit" des internationalen Qualitätsbegriffs von statistischen Produkten.[7] Es geht bei dieser Eigenschaft um die Frage, inwiefern statistische Verfahrensregeln – beispielsweise hinsichtlich der Definitionen, der

---

[4] Siehe hierzu Meyer (2017, S. 20 f.) oder Rottenburg et al. (2015).
[5] Mögliche alternative Bezeichnung: Abbildungsstärke.
[6] Die Schwierigkeit, für einen nicht direkt messbaren Sachverhalt einen mit ihm möglichst weitgehend übereinstimmenden Indikator zu finden, wird als *Adäquationsproblem* bezeichnet. Die Verfahrensanweisung, die den Weg zur Bestimmung von Werten für den Indikator festlegt, ist seine *Operationalisierung*. Mit diesen Begriffen verwandt ist die *Validität* eines Messverfahrens. Ein Messverfahren ist valide, wenn es wirklich das misst, was man messen will.
[7] Vgl. hierzu die in der Qualitätserklärung des Europäischen Statistischen Systems beschriebenen Standards für Daten der amtlichen Statistik (https://ec.europa.eu/eurostat/de/web/quality/european-quality-standards).

betrachteten Grundgesamtheiten sowie der Berechnungs- und Schätzmethodik – bei der Berechnung bzw. Schätzung der Indikatorwerte eingehalten werden.[8] Je stärker dies der Fall ist, umso höher ist die Genauigkeit einzuschätzen. Auch hier ist eine subjektive Einschätzung auf ordinalem Niveau angemessen und möglich. Qualitätsberichte der amtlichen Statistik und anderer Datenproduzenten erweisen sich dabei als sehr hilfreich.

*G3: Nutzerakzeptanz*
Bei der Eigenschaft „Nutzerakzeptanz" geht es um die Frage, inwieweit ein Indikator zur Abbildung eines bestimmten Sachverhalts von der Fachwelt allgemein akzeptiert ist. Es genügt nicht, wenn ein Indikator besonders „gute" statistische Eigenschaften hat, wenn er nicht auch gleichzeitig als für den interessierenden Sachverhalt geeignet anerkannt ist und damit ohne weitere Diskussionen angewendet werden kann. Auch für die Nutzerakzeptanz eines Indikators gilt, dass eine Einschätzung auf ordinalem Niveau realistisch und sinnvoll ist.

*G4: Vergleichbarkeit*
Einzelne Messwerte eines Indikators sind in aller Regel wenig interessant und aussagefähig. Sie ermöglichen aber einen Vergleich mit anderen statistischen Einheiten (Länder, Regionen, soziale Schichten etc.) und anderen Zeiträumen bzw. Zeitpunkten. Dabei ist es wichtig, dass die Vergleichbarkeit der einzelnen Messwerte nicht durch Änderungen der verwendeten Berechnungs- oder Schätzmethodik eingeschränkt ist. Eine ordinale Abschätzung der Vergleichbarkeit verschiedener Werte eines Indikators ist realistisch und möglich. Auch hier sind verfügbare Qualitätsberichte der amtlichen Statistik und anderer Institutionen eine wertvolle Informationsquelle.

*G5: Aktualität von Indikatorwerten*
Hinter der Aufnahme dieser Eigenschaft in die Liste der wünschenswerten Eigenschaften steckt die Überlegung, dass die Praxisrelevanz eines Indikators umso geringer ist, je länger der Zeitraum zwischen dem Zeitpunkt bzw. Zeitraum ist, für den der Indikatorwert benötigt wird, und dem Zeitraum bzw. Zeitpunkt, für den der aktuellste Indikatorwert vorliegt. Sollte dieser Zeitraum für eine intendierte Nutzung zu groß sein, kann sich der zugehörige Indikator – unabhängig von

---

[8] Auf Aspekte der Datenerhebung, Datenaufbereitung und Schätzung wird hier nicht weiter eingegangen. Stattdessen sei auf die einschlägige Literatur verwiesen, insbesondere auf Fahrmeir et al. (2023) und Mittag/Schüller (2023).

## 1.2 Gütekriterien für Indikatoren

der Bewertung der anderen Eigenschaften – im Extremfall sogar als vollständig ungeeignet erweisen.

*G6: Transparenz der Berechnung*
Dieses Gütekriterium steht in Verbindung mit der Frage, inwieweit die Berechnungen der Indikatorwerte als nachvollziehbar und überprüfbar einzustufen sind. Oder anders ausgedrückt: Erscheinen die Berechnungen eher als „Blackbox" denn als transparent, fehlen trotz einiger Anstrengungen wichtige Berechnungselemente, um den Indikatorwert bewerten zu können? In diesem Fall mangelt es dem betrachteten Indikator an Berechnungstransparenz. Auch diese Eigenschaft ist auf ordinalem Niveau durch Auswertung vorliegender Informationen abschätzbar.

Neben den beschriebenen sechs Gütekriterien für Indikatoren ist es wünschenswert, dass ein Indikator einfach zu verstehen und zu berechnen ist sowie besonders praktikabel erscheint. Trotzdem sind „Einfachheit" und „Praktikabilität" keine Bestandteile des Systems wünschenswerter Eigenschaften von Indikatoren. Andernfalls bestünde die Gefahr, besonders „einfache" und „praktikable" Indikatoren („low-hanging fruits") komplexeren Indikatoren grundsätzlich vorzuziehen, auch wenn diese zur Messung des eigentlich interessierenden Sachverhalts besser geeignet sein sollten.

Die sechs Gütekriterien für statistische Indikatoren sind keineswegs gleichwertig und stehen zudem teilweise auch in Konkurrenz zueinander. Zudem sind die Eigenschaften „Begriffsnähe", „Nutzerakzeptanz" und „Aktualität" immer auch eine Funktion des interessierenden Sachverhalts, d. h. Indikatoren sind bei diesen Eigenschaften je nach Begriff unter Umständen durchaus unterschiedlich zu bewerten: Wenn ein Indikator einem Sachverhalt sehr nahekommt, muss das bei einem anderen Sachverhalt keineswegs der Fall sein. Entsprechendes gilt für die Akzeptanz der Nutzer und die Aktualität der Messwerte. Dagegen sind die Einschätzungen von Indikatoren hinsichtlich der Eigenschaften „Genauigkeit", „Vergleichbarkeit" und „Transparenz" unabhängig vom jeweils interessierenden Sachverhalt.

Das wichtigste der sechs genannten Gütekriterien ist die Begriffsnähe. Selbst wenn ein Indikator bei allen oder zumindest den meisten anderen Kriterien hervorragende Eigenschaften aufweisen sollte: Wird seine Begriffsnähe in einem konkreten Fall als (zu) gering eingestuft, sollte er für diesen Sachverhalt nicht herangezogen werden. Mit anderen Worten: Fehlende Begriffsnähe kann nicht durch hohe Einschätzungen bei anderen Kriterien ersetzt werden. In diesem Fall muss nach anderen Indikatoren gesucht werden, die eine stärkere Begriffsnähe aufweisen, selbst wenn sie bei anderen Kriterien schlechter abschneiden sollten.

Eine allgemeine Rangordnung der anderen wünschenswerten Eigenschaften gibt es also nicht; es kommt immer auf den Einzelfall an. Es mag Indikatoren geben, bei denen die Aktualität der Indikatorwerte wichtiger ist als die Genauigkeit, sodass auch Schätzwerte des Indikators ausreichend erscheinen. In einem anderen Fall mag die Transparenz der Berechnung eher gering sein, der Indikator aber trotzdem in Betracht kommen, weil er eine hohe Nutzerakzeptanz hat. Entscheidend ist immer die konkrete Situation.

Es ist empfehlenswert, sich für jeden in Frage kommenden Indikator die wünschenswerten Eigenschaften anzusehen und auf der Basis eines Einzelvergleichs der Eigenschaften eine Entscheidung zu Gunsten oder Ungunsten eines Indikators zu fällen. Die den einzelnen Gütekriterien zugeordneten ordinalen Werte sollten nicht zu einem „Gesamteigenschaftswert" zusammengefasst werden, weil dadurch Unterschiede bei den einzelnen Eigenschaften verwischt würden.

Zudem ist zu beachten, dass es zwischen den Eigenschaften „Genauigkeit", „Vergleichbarkeit" und „Aktualität" Trade-Offs gibt. Gerade die Notwendigkeit der Verwendung möglichst aktueller Messwerte kann zu Lasten der Genauigkeit gehen, wenn die Werte am aktuellen Rand geschätzt werden müssen. Probleme kann es auch zwischen „Aktualität" und „Vergleichbarkeit" geben, wenn aufgrund kurzfristig aufgetretener methodischer Unterschiede die Vergleichbarkeit der Indikatorwerte am aktuellen Rand eingeschränkt ist.

## 1.3 Zusammengesetzte Indikatoren

Die bisherigen Betrachtungen gingen davon aus, dass ein nicht direkt oder nur schwer messbarer Sachverhalt durch einen einzigen Indikator abgebildet wird. Viele Sachverhalte – z. B. „Lebensqualität in einem Land" oder „Attraktivität einer Stadt" – beziehen sich aber auf mehrdimensionale Phänomene und können daher schwerlich durch nur einen Indikator beschrieben werden. Als Lösung wird in solchen Fällen häufig vorgeschlagen, nicht nur einen, sondern mehrere „einfache" Indikatoren gleichzeitig zu betrachten und sie über eine geeignete Verknüpfung zu einem neuen, synthetischen Indikator zusammenzufassen. Man spricht dann von „zusammengesetzten" Indikatoren *(engl.: composite indicators)*.

## 1.3 Zusammengesetzte Indikatoren

Allerdings ergeben sich bei diesen synthetischen Indikatoren zusätzliche methodische und Probleme, die fünf Aspekte betreffen: Normierung und Standardisierung, Gewichtung der Einzelindikatoren, Art der Verknüpfung, Interpretation der Werte, mit der Verknüpfung verbundener Informationsverlust.[9]

Sollen mehrere einfache Indikatoren zu einem synthetischen Indikator zusammengefasst werden, ist davon auszugehen, dass sich die einzelnen Indikatoren in ihren Dimensionen (z. B. Prozent, Einwohner pro $km^2$ oder Tonnen pro Einwohner) unterscheiden. Die Werte der einzelnen Indikatoren sind daher zunächst zu normieren oder zu standardisieren. Die anschließenden Schritte bei der Berechnung des zusammengesetzten Indikators erfolgen dann mit den normierten bzw. standardisierten Werten der ursprünglichen Indikatoren.

Die zweite Schwierigkeit besteht darin, die Gewichtung der einzelnen Indikatoren nachvollziehbar festzulegen. Es ist zu entscheiden, ob alle ursprünglichen Indikatoren das gleiche (beispielsweise bei fünf ursprünglichen Indikatoren je das Gewicht 1/5) oder unterschiedliche Gewichte erhalten sollen. Dies beinhaltet eine Entscheidung darüber, ob einzelne der ursprünglichen Indikatoren für den zusammengesetzten Indikator „wichtiger" sind als andere. Bei der Lösung dieses Problems sind inhaltliche, aber auch statistische Aspekte bedeutsam, insbesondere im Hinblick auf Korrelationen zwischen den miteinander verknüpften Einzelindikatoren. Sind beispielsweise zwei der ursprünglichen Indikatoren hochkorreliert und gehen beide mit dem gleichen Gewicht wie alle anderen ursprünglichen Indikatoren in die Berechnungen ein, dann erhält der den beiden hochkorrelierten Indikatoren zugrunde liegende Sachverhalt de facto ein deutlich höheres Gewicht als alle anderen. Soweit es keine inhaltliche Begründung für eine stärkere Gewichtung dieses spezifischen Sachverhalts gibt, führt die Korrelation zu einer Verzerrung der Werte zusammengesetzter Indikatoren. Die Literatur bietet hierfür unterschiedliche Lösungsmöglichkeiten von mehr oder weniger subjektiven Festlegungen bis hin zu theoriebasierten multivariaten Verfahren an.

Sind die Gewichte festgelegt, muss aus den gewichteten normierten bzw. standardisierten Werten der ursprünglichen Indikatoren in geeigneter Art und Weise der Wert des zusammengefassten Indikators berechnet werden. Die Aggregation geschieht häufig additiv, aber es gibt auch Alternativen für die Verknüpfung.

Wie immer die Entscheidungen im Hinblick auf Normierung bzw. Standardisierung, Gewichtung und Aggregation getroffen werden, es bleibt ein schwer

---

[9] Zu den Problemen im Zusammenhang mit der Verwendung zusammengesetzter Indikatoren wie auch zu möglichen Lösungsansätzen gibt es eine umfangreiche Literatur. Ein guter Überblick ist beispielsweise zu finden in OECD/European Union/EC-JRC (2008).

einzuschätzender Grad an Subjektivität – und damit Einfluss – auf die dimensionslosen Werte zusammengesetzter Indikatoren. Das Ausmaß des Einflusses der Verfahrensausgestaltung ist a priori nicht bekannt. Er kann aber grob durch Sensitivitätsanalysen abgeschätzt werden, bei denen z. B. die Gewichte oder die Art der Verknüpfung experimentell verändert werden.

All diese Aspekte machen die Interpretation der Werte eines zusammengesetzten Indikators alles andere als einfach. Grundsätzlich haben einzelne Werte von Indikatoren keine Aussagekraft. Indikatorwerte sind immer in Relation zueinander zu betrachten, beispielsweise für verschiedene Länder oder Zeitpunkte. Aber selbst dann bleibt das Problem des Informationsverlustes bei der Anwendung zusammengesetzter Indikatoren ungelöst: Ein zunächst mehrdimensionales Problem – die ursprünglichen Indikatoren und die ihnen zugrunde liegenden Sachverhalte definieren jeweils einen mehrdimensionalen Raum – wird durch die Berechnung des zusammengesetzten Indikators auf eine Dimension reduziert – geometrisch betrachtet eine Gerade. Durch die Dimensionsreduktion können die Unterschiede zwischen den ursprünglichen Indikatoren weitgehend verloren gehen. Mehrere unterschiedliche Konstellationen der ursprünglichen Indikatoren können nämlich zu ein- und demselben Wert des zusammengesetzten Indikators führen. Inwieweit dieser Nachteil durch das Herunterbrechen auf nur eine einzige Kennzahl ausgeglichen wird, muss in jedem Fall neu entschieden werden. Um den Informationsverlust auszugleichen und ein differenziertes Bild zu gewinnen, ist es sinnvoll, nicht nur den Wert eines zusammengesetzten Indikators anzusehen, sondern zusätzlich einen Blick auf die Werte der in ihn eingehenden einfachen Indikatoren zu werfen. Dies bedeutet interpretatorisch einen größeren Aufwand.

Die zusätzlichen methodischen Anforderungen von zusammengesetzten Indikatoren sind auch bei der Beschreibung ihrer Eigenschaften zu berücksichtigen. Sie beeinflussen die statistischen Eigenschaften „Genauigkeit", „Vergleichbarkeit" und „Transparenz". Die Genauigkeit kann insofern leiden, als nicht für alle betrachteten statistischen Einheiten (etwa Länder) oder Zeitpunkte bzw. Zeiträume Werte für alle ursprünglichen Indikatoren vorliegen mögen, sodass die fehlenden Werte in einem ersten Schritt geschätzt werden müssen. Sind die vorliegenden Informationen über die Gewichtung und die Art der Aggregation der einfachen Indikatoren unvollständig, hat dies einen Einfluss auf das Gütekriterium „Transparenz". Probleme der Vergleichbarkeit können auftreten, wenn es bei den ursprünglichen Indikatoren Unterschiede hinsichtlich der Methodik zwischen den einzelnen Ländern, Regionen oder Zeiträumen und Zeitpunkten gibt.

# Indikatoren in der Praxis 2

In diesem Kapitel geht es um die Gründe für die weite Verbreitung von Indikatoren. Außerdem wird gezeigt, wie man in der Praxis methodische Probleme abmildern kann, die mit dem Einsatz zusammengesetzter Indikatoren verknüpft sind, und was bei Systemen von Indikatoren zu beachten ist.

## 2.1 Verbreitung von Indikatoren und Relevanz der Gütekriterien

Die Bedeutung von Indikatoren ist in den Bereichen Wirtschaft, Soziales und Umwelt in der Realität sehr groß. Gerade in diesen Bereichen lassen sich viele Sachverhalte in der Regel nicht oder nur mit unzumutbar hohem Aufwand direkt erfassen.[1] Es gibt daher hier keine Alternativen zur Verwendung von Indikatoren – weder auf individueller noch auf Unternehmens- oder Projektebene, in einzelnen Wirtschaftszweigen oder Regionen, oder auf der Ebene eines ganzen Landes.

Diese Aussage gilt für alle Anwendungsgebiete von Indikatoren, unabhängig davon, ob sie für Analysen, Prognosen oder Vergleiche zwischen statistischen Einheiten oder über die Zeit benutzt werden. Indikatoren werden oft auch bei Projekten oder Politiken zur Festlegung und Messung des Erreichungsgrads von Grenz- oder Zielwerten herangezogen. So sieht etwa die aktuelle Geldpolitik der

---

[1] In Extremfällen kann sich bei den Sachverhalten auch um theoretische Konstrukte handeln, die erst durch die Indikatoren erzeugt werden. Ein Beispiel hierfür ist das Konstrukt „Lebensqualität".

Europäischen Zentralbank (EZB) vor, mittelfristig eine Inflationsrate von 2 % anzustreben.

Der Erfolg oder Misserfolg der Anwendung eines Indikators zur Abbildung des eigentlich interessierenden Sachverhalts ist stark abhängig von seinen Eigenschaften. Es geht also letztendlich darum, in welchem Umfang ein ausgewählter Indikator die für die Messung des eigentlich interessierenden Sachverhalts erforderlichen Eigenschaften zu einem bestimmten Zeitpunkt aufweist.[2] Je weniger ein Indikator den vorgestellten sechs Gütekriterien genügt, desto weniger sind die aus seiner Anwendung abgeleiteten Ergebnisse brauchbar, d. h. desto weniger bildet das aus dem Indikator abgeleitete Ergebnis den zugrunde liegenden Sachverhalt realitätsnah ab. Das kann dazu führen, dass bei Verwendung eines solchen „schwachen" Indikators im Rahmen eines Projekts oder einer Politik ein Indikatorwert letztendlich nichts darüber aussagt, ob ein für einen Sachverhalt angestrebter Grenz- oder Zielwert auch tatsächlich erreicht worden ist.

## 2.2 Zusammengesetzte Indikatoren und Indikatorensysteme

Zusammengesetzte Indikatoren weisen zusätzliche methodische Anforderungen auf. Idealerweise sollte bei der Nutzung von zusammengesetzten Indikatoren vorab eine Sensitivitätsanalyse durchgeführt werden, bei der der Effekt einer veränderten Gewichtung der miteinander verknüpften Einzelindikatoren oder die Art ihrer Verknüpfung untersucht werden. Bei der Abschätzung solcher Effekte können auch interaktive grafische Darstellungen eingesetzt werden.

Die Möglichkeiten und der Nutzen einer Sensitivitätsanalyse sollen hier am Beispiel des zusammengesetzten Indikators „Global Power City Index" (GPCI) verdeutlicht werden. Der GPCI ist ein vom japanischen *Institute for Urban Strategies* der *Mori Memorial Foundation* entwickelter zusammengesetzter Indikator, der die Attraktivität von Weltstädten abbilden soll.[3] Hierzu werden unterschiedlich gewichtete Indikatoren für die Bereiche „Wirtschaft", „Forschung und

---

[2] Wenn sich die Eigenschaften von Indikatoren und damit ihre Eignung für die Messung von Sachverhalten im Zeitablauf verändern, sind die Bewertungen der Eigenschaften *G1 – G6* entsprechend anzupassen.

[3] Der GPCI vergleicht jährlich die Attraktivität von 48 Weltstädten. Näheres zu diesem Indikator ist unter https://www.mori-m-foundation.or.jp/english/ius2/gpci2/index.shtml zu finden.

## 2.2 Zusammengesetzte Indikatoren und Indikatorensysteme

Entwicklung", „Kultur", „Lebensqualität", „Umwelt" und „Erreichbarkeit" additiv zusammengefasst. Auf diese Weise resultiert ein Wert für den GPCI und damit ein Attraktivitätsranking für die betrachteten Städte. Verändert man nun in einem Experiment die Gewichte, hat dies einen Einfluss auf die Werte des zusammengesetzten Indikators. Die Städterankings, die bei Verwendung des GPCI und – alternativ – bei Verwendung einer GPCI-Variante mit veränderten Gewichten resultieren, lassen sich z. B. sehr anschaulich anhand von Balkendiagrammen vergleichen. Dabei bietet sich der Einsatz interaktiver Grafiken an, weil sie sehr einfach handhabbar und damit besonders nutzerfreundlich sind. Eine Analyse der Sensitivität des GPCI bezüglich der Gewichtungen zeigt, dass sich die GPCI-Werte für alle betrachteten Städte je nach Variante leicht ändern, ohne dass sich natürlich etwas am Sachverhalt „Attraktivität" geändert hat.[4] Die Veränderungen sind also ausschließlich statistische Artefakte, d. h. sie können ausschließlich durch Änderungen der Methodik erklärt werden, ohne dass sich am Inhalt irgendetwas geändert hat.

Die beschriebene Analyse trägt in dem hier dargestellten Fall dazu bei, den Einfluss der Gewichte grob abzuschätzen. Richtig eingesetzt können Sensitivitätsanalysen jedenfalls grundsätzliche methodische Herausforderungen, die mit dem Einsatz zusammengesetzter Indikatoren verbunden sind, zumindest etwas abmildern.

Insbesondere internationale Träger der amtlichen Statistik fassen Indikatoren zum Zwecke des Monitorings besonders umfassender Sachverhalte gelegentlich auch zu *Indikatorensystemen* zusammen. Ein prominentes Beispiel ist das fast 250 Indikatoren umfassende Indikatorensystem der Vereinten Nationen, mit dem Fortschritte bei der Umsetzung der 2017 verabschiedeten *UN Millenium Agenda 2030 für nachhaltige Entwicklung* gemessen werden sollen.[5] Diese Agenda umfasst 17 als „Sustainable Development Goals" bezeichnete Kernziele. Für Deutschland wird der Erreichungsgrad dieser Ziele vom *Statistischen Bundesamt (Destatis)*

---

[4] Unter https://www.mittag-statistik.de/app/gpci/ ist für eine Auswahl von 28 Weltstädten eine interaktive Visualisierung des GPCI eingestellt, unter https://www.mittag-statistik.de/app/gpci-varianten/ auch eine interaktive Darstellung von vier GPCI-Varianten mit alternativen Gewichtungen für die additiv miteinander verknüpften sechs Indikatoren. Die Daten beziehen sich hier auf das Jahr 2020.

[5] Das auch von nationalen Statistikämtern verwendete System trägt den Titel „*Global indicator framework for the Sustainable Development Goals and targets of the 2030 Agenda for Sustainable Development*".

verfolgt.[6] Für alle Länder der EU findet man diese Information in der Datenbank von *Eurostat,* dem Europäischen Amt für Statistik.[7]

Indikatorensysteme stellen insofern keine zusätzlichen methodischen Herausforderungen dar, als grundsätzlich jeder einzelne Indikator des Systems im Hinblick auf seine individuelle Eignung betrachtet werden sollte. Das eigentliche Problem der praktischen Nutzung solcher Systeme besteht darin, die sich aus den einzelnen Indikatoren ergebenden Informationen zu einem Gesamtbild zusammenzuführen, d. h. alle Indikatoren gleichzeitig im Hinblick auf den eigentlich interessierenden Sachverhalt zu betrachten, also nicht nur Indikator für Indikator. Im Gegensatz dazu kann eine indikatorweise Betrachtung leicht zu widersprüchlichen Aussagen führen. Dies gilt insbesondere für Indikatorensysteme mit größeren Anzahlen von Indikatoren, bei denen die Gefahr besteht, dass die einzelnen Indikatoren in unterschiedliche Richtungen zeigen.

---

[6] Destatis (Hrsg.), Nachhaltige Entwicklung in Deutschland – Indikatorenbericht 2022, Wiesbaden 2023.

[7] Quelle: Eurostat-Datenbank (https://ec.europa.eu/eurostat/de/data/database), Pfad „EU-Politikbereiche/Nachhaltigkeitsindikatoren".

# Vorstellung und Bewertung ausgewählter Indikatoren 3

In diesem Kapitel werden für die drei Politikbereiche „Wirtschaft", „Soziales" und „Umwelt" beispielhaft Indikatoren vorgestellt und kritisch gewürdigt, die in Deutschland besondere Beachtung finden. Beispiele für Indikatoren, die keinem dieser Bereiche eindeutig zuzuordnen sind, finden sich im letzten Unterkapitel.

## 3.1 Wirtschaftsindikatoren

### 3.1.1 Wirtschaftsleistung und Wirtschaftswachstum

Die Leistung einer Wirtschaft und deren Entwicklung über die Zeit sind grundlegend für jede Volkswirtschaft und damit für die Beurteilung jeder Wirtschaftspolitik. Entsprechend groß ist das weltweite Interesse an entsprechenden Indikatoren.

Trotz anhaltender Kritik wird bis heute zur Messung der Wirtschaftsleistung einer Volkswirtschaft im Allgemeinen das *Bruttoinlandsprodukt (BIP)* herangezogen. Dabei handelt es sich um einen Begriff aus den Volkswirtschaftlichen Gesamtrechnungen. Das BIP entspricht dem Gesamtwert der in einer Volkswirtschaft in einem definierten Zeitraum (z. B. Jahr oder Quartal) produzierten Güter und Dienstleistungen (Bruttoproduktionswert), vermindert um die Vorleistungen und erhöht um die Differenz aus Gütersteuern (bekanntestes Beispiel: Mehrwertsteuer) und Gütersubventionen. Charakteristisch für den resultierenden Nettoproduktionswert der Volkswirtschaftlichen Gesamtrechnungen ist, dass nur Güter und Dienstleistungen in die Berechnungen eingehen, die monetär erfassbar bzw., wie im Fall des Sektors „Staat", monetär bewertbar sind. Damit bleiben bestimmte Leistungen einer Volkswirtschaft unberücksichtigt, etwa Familien- und Freiwilligenarbeit, oder Leistungen im Umweltbereich – z. B. außerhalb des Marktgeschehens erfolgende Maßnahmen zur Nachhaltigkeitssicherung und Vermeidung von Umweltzerstörung.[1]

Seitens der Politik und der Wirtschaft besteht großes Interesse an schnellen und aktuellen Informationen über das BIP bzw zwecks Berücksichtigung der Größe einer Volkswirtschaft. das BIP pro Kopf. Diesem Informationsbedürfnis steht allerdings die Komplexität des BIP entgegen, das schließlich die Wirtschaftsleistung *aller* Zweige einer Wirtschaft umfassen soll. Die Ergebnisse der zur Berechnung des BIP notwendigen Basiserhebungen können aufgrund des erheblichen Erhebungsaufwands nicht kurzfristig vorliegen. Daher werden von den Trägern der amtlichen Statistik am aktuellen Rand, d. h. für die letzten Monate und Quartale, regelmäßig Schätzungen vorgenommen. Diese werden, sofern nötig, nachträglich korrigiert, sobald zusätzlicher Input zur Verfügung steht. Dabei zeigt sich regelmäßig, dass die Schätzungen in Deutschland in aller Regel nicht zuletzt durch die auf europäischer Ebene harmonisierte Methodik so zuverlässig sind, dass die Revisionen im Zeitablauf nur zu geringfügigen Änderungen führen.

Das BIP wird in Geldeinheiten ausgedrückt und betrug 2023 in Deutschland nominell 4.168 Mrd. €. Im Vergleich zum Vorjahr lag es damit um 232 Mrd. € höher.[2]

Insbesondere für Vergleiche zwischen verschiedenen Einheiten wie Ländern oder Regionen wird das auf den Bevölkerungsumfang bezogene BIP herangezogen, also das **Bruttoinlandsprodukt pro Kopf:**

$$W_1 = BIP/Bevölkerungsumfang.$$

Dabei ist zu beachten, dass dieser Indikator gerade bei kleineren Einheiten durch Ein- und Auspendlerströme von Erwerbstätigen sowie durch Unterschiede in den Bevölkerungsstrukturen beeinflusst werden kann.

---

[1] Dieser Ansatz kann zu paradoxen Situationen führen. So steigt z. B. die anhand des BIP gemessene Wirtschaftsleistung, wenn weniger Kinder zu Hause und stattdessen in Kindertagesstätten erzogen werden, vorausgesetzt, es wird mehr Kindergartenpersonal eingestellt. Es steigt ebenfalls, wenn Umweltschäden z. B. durch Unternehmen beseitigt werden, die vorher durch die Produktion von Gütern erst herbeigeführt wurden.

[2] Die hier und im folgenden aufgeführten Zahlenbeispiele dienen ausschließlich der Illustration der Größenordnungen realistischer Indikatorwerte, aber nicht einer umfassenden Beschreibung der Situation in Deutschland.

## 3.1 Wirtschaftsindikatoren

**Tab. 3.1** Bewertung der Wirtschaftsindikatoren $W_1$ und $W_2$[3]

| Indikatoren für Wirtschaftsleistung und Wirtschaftswachstum | Eigenschaften |
|---|---|
| $W_1$: **BIP bzw. BIP pro Kopf** | *Begriffsnähe:* hoch |
| $W_2$: **Wachstumsrate des BIP** (BIP in einer Periode/BIP in einer früheren Referenzperiode) $-$ 1 | *Genauigkeit:* hoch *Nutzerakzeptanz:* hoch *Vergleichbarkeit:* hoch *Aktualität von Indikatorwerten:* sehr hoch *Transparenz der Berechnungen:* hoch |

Der Quotient $W_1$ wird wieder in Geldeinheiten ausgedrückt. In Deutschland betrug das nominelle BIP pro Kopf 2023 knapp 50.000 €, ein Anstieg im Vergleich zum Vorjahr um etwas mehr als 2000 €.

Neben dem Wert des BIP interessiert vor allem seine Veränderung über die Zeit als Indikator für das Wachstum einer Volkswirtschaft. Der Indikator, die **Wachstumsrate des BIP,** ergibt sich, wenn man die Differenz des BIP-Werts in einem Zeitraum und dem entsprechenden Wert in einer vorausgegangenen Referenzperiode (z. B. Vorjahr oder Vorquartal) durch den letztgenannten Wert dividiert. Daraus ergibt sich nach elementarer Umformung des Quotienten

$W_2$ = BIP in einem Zeitraum/BIP in einem früheren Referenzzeitraum $-$ 1.

Der Wert wird mit 100 multipliziert und damit in % ausgedrückt.

Beim Vergleich von Werten des BIP bzw. des BIP pro Kopf, die sich auf unterschiedliche Perioden beziehen, treten aufgrund der Betrachtung von Wertgrößen nicht nur Mengen-, sondern auch Preiseffekte auf. Die Werte der Indikatoren hängen somit auch davon ab, wie sich die Preise zwischen den Vergleichsperioden entwickeln. Daher werden z. B. für die Berechnung der Wachstumsraten $W_2$ die BIP-Werte auch in sogenannten „konstanten" Preisen ausgewiesen. Das bedeutet, dass die Preisveränderungen des BIP herausgerechnet werden. Dies wirft allerdings zusätzliche methodische Probleme auf und führt immer wieder zu Diskussionen.

Das nominelle Wachstum des BIP betrug in Deutschland im Jahr 2023 im Vergleich zum Vorjahr 5,9 %. Preisbereinigt, d. h. in konstanten Preisen, sank das BIP aber um 0,3 %.

---

[3] In Tab. 3.1 wie auch den noch folgenden Tabellen wird zur Bewertung der Eigenschaften der Indikatoren eine Ordinalskala mit den fünf Ausprägungen „sehr hoch", „hoch", „eingeschränkt", „gering" und „sehr gering" verwendet, zum Teil mit Einschränkungen bzw. unter

## 3.1.2 Beschäftigung

Der Sachverhalt „Beschäftigung" hat viele Bedeutungen. Umgangssprachlich gilt eine Person als „beschäftigt", wenn sie etwas tut – was immer das auch sein mag. In einem Unternehmen ist eine Person „beschäftigt", wenn sie für das Unternehmen arbeitet – in aller Regel gegen Bezahlung. Im Sozialrecht hängt die „Beschäftigung" einer Person davon ab, inwieweit sie weisungsgebunden ist. Entsprechend dieser Bedeutungsvielfalt gibt es auch nicht nur einen Indikator zur Messung von Beschäftigung.

Betrachtet man „Beschäftigung" aus der Sicht von Personen und versteht sie im Sinn von Beteiligung am Erwerbsprozess, dann ist der Begriff der „Erwerbstätigkeit" relevant, für den es eine international abgestimmte Definition gibt. Gemäß dem Internationalen Arbeitsamt *(International Labour Office, ILO)*, einer Unterorganisation der Vereinten Nationen mit Sitz in Genf, ist eine Person „erwerbstätig", wenn sie im erwerbsfähigen Alter ist, „in einem einwöchigen Berichtszeitraum mindestens eine Stunde lang gegen Entgelt oder im Rahmen einer selbstständigen oder mithelfenden Tätigkeit gearbeitet hat" oder „sich in einem formalen Arbeitsverhältnis befindet, das sie im Berichtszeitraum nur vorübergehend nicht ausgeübt hat (z. B. wegen Urlaub oder Erkrankung)" [4].

Von den Erwerbstätigen sind die Erwerbslosen zu unterscheiden: „Als erwerbslos gilt im Sinne der durch die EU konkretisierten ILO-Abgrenzung jede Person im Alter von 15 bis 74 Jahren, die in diesem Zeitraum nicht erwerbstätig war, aber in den letzten vier Wochen vor der Befragung aktiv nach einer Tätigkeit gesucht hat. Auf den zeitlichen Umfang der gesuchten Tätigkeit kommt es nicht an. Eine neue Arbeit muss innerhalb von zwei Wochen aufgenommen werden können. Die Einschaltung einer Agentur für Arbeit oder eines kommunalen Trägers in die Suchbemühungen ist nicht erforderlich." [5]

Erwerbstätige und Erwerbslose bilden zusammen die Gruppe der Erwerbspersonen. Alle anderen Personen einer Bevölkerung werden als Nicht-Erwerbspersonen bezeichnet. Versteht man „Beschäftigung" in dem oben definierten Sinne als „Erwerbstätigkeit", dann ist die **Erwerbstätigenquote** ein geeigneter Indikator zu ihrer Beschreibung, definiert als

---

bestimmten Bedingungen. Die Zuordnung zu einer dieser Ausprägungen basiert auf über das Internet zugänglichem Material (Stand: März 2025) und ist subjektiv. Die Verantwortung für eventuell auftretende Fehleinschätzungen liegt ausschließlich bei den Autoren.

[4] Destatis (Hrsg.), Qualitätsbericht Monatliche Erwerbslosenstatistik nach dem ILO-Konzept, S. 5.

[5] Ebenda.

## 3.1 Wirtschaftsindikatoren

$W_3$ = Anzahl der Erwerbstätigen/Umfang der Bevölkerung im erwerbsfähigen Alter.

Dabei wird Erwerbsfähigkeit auch hier für den Altersbereich von 15 bis 74 Jahren angenommen. Entsprechend dient die als

$W_4$ = Anzahl der Erwerbslosen/Anzahl der Erwerbspersonen
= Anzahl der Erwerbslosen/(Anzahl der Erwerbslosen und der Erwerbstätigen)

definierte **Erwerbslosenquote** zur Beschreibung der Erwerbslosigkeit. Auch die Indikatoren $W_3$ und $W_4$ werden üblicherweise mit 100 multipliziert, d. h. in % ausgewiesen. Im Jahr 2023 betrug die Erwerbstätigenquote in Deutschland etwa 77 % und die Erwerbslosenquote 2,8 %.

Die Basisdaten für beide Quoten entstammen der Arbeitskräfteerhebung. Dies ist eine Stichprobenerhebung bei den privaten Haushalten Deutschlands. Die Zuordnung der Personen zu den Kategorien „erwerbstätig" und „erwerbslos" erfolgt grundsätzlich durch Selbstdeklaration.

In der öffentlichen Diskussion über die Beteiligung der Bevölkerung am Arbeitsleben spielt der Begriff der Arbeitslosigkeit meist eine größere Rolle als der der Erwerbslosigkeit. Auch wenn „Erwerbslosigkeit" und „Arbeitslosigkeit" umgangssprachlich oft gleichgesetzt werden, bezeichnen sie unterschiedliche Sachverhalte, bedingt durch unterschiedliche Definitionen und Datenquellen.

Im Gegensatz zur Erwerbslosigkeit gilt eine Person als „arbeitslos" (ein Begriff aus der deutschen Arbeitsverwaltung), wenn sie „vorübergehend nicht in einem *Beschäftigungsverhältnis* steht oder nur eine weniger als 15 h wöchentlich umfassende Beschäftigung ausübt, eine versicherungspflichtige, mindestens 15 h wöchentlich umfassende Beschäftigung sucht, den Vermittlungsbemühungen der Agentur für Arbeit oder des Jobcenters zur Verfügung steht, … in der Bundesrepublik Deutschland wohnt, nicht jünger als 15 Jahre ist und die Altersgrenze für den Renteneintritt noch nicht erreicht hat und sich persönlich bei einer Agentur für Arbeit oder einem *Jobcenter* arbeitslos gemeldet hat" [6].

Der Vergleich der Definitionen von „Erwerbslosigkeit" und „Arbeitslosigkeit" zeigt, dass sich beide Begriffe nicht vollständig überschneiden, im Gegenteil: Es gibt Personen, die erwerbslos, aber nicht arbeitslos, wie auch solche, die arbeitslos, aber nicht erwerbslos sind. Ein entscheidender Faktor für die Zugehörigkeit zur Gruppe der Arbeitslosen ist die Meldung bei der Agentur für Arbeit oder einem Jobcenter. Entsprechend weisen die zugehörigen Indikatoren unterschiedliche Werte auf, wobei die **Arbeitslosenquote** definiert ist als

---

[6] Glossar – Statistik der Bundesagentur für Arbeit.

**Tab. 3.2** Bewertung der Wirtschaftsindikatoren $W_3 - W_5$

| Indikatoren für Beschäftigung | Eigenschaften | |
|---|---|---|
| | Gemeinsame | Unterschiedliche |
| $W_3$: **Erwerbstätigenquote** (Anzahl der Erwerbstätigen/ Umfang der Bevölkerung im erwerbsfähigen Alter) | *Genauigkeit:* hoch *Transparenz der Berechnungen:* hoch | *Begriffsnähe:* abhängig vom konkreten Sachverhalt sehr hoch *Nutzerakzeptanz:* sehr hoch *Vergleichbarkeit:* hoch *Aktualität von Indikatorwerten:* sehr hoch |
| $W_4$: **Erwerbslosenquote** (Anzahl der Erwerbslosen/ Anzahl der Erwerbslosen und der Erwerbstätigen) | *Genauigkeit:* hoch *Transparenz der Berechnungen:* hoch | |
| $W_5$: **Arbeitslosenquote** (Anzahl der Arbeitslosen/ Anzahl der Arbeitslosen und der Erwerbstätigen) | *Genauigkeit:* sehr hoch *Transparenz der Berechnungen:* sehr hoch | |

$W_5$ = Anzahl der Arbeitslosen/(Anzahl der Arbeitslosen und der Erwerbstätigen),

erneut ausgedrückt in %. Ihr Wert im Jahr 2023 betrug in Deutschland 5,7 %. Sie war damit etwa doppelt so hoch wie die Erwerbslosenquote. Basis der Berechnungen der Arbeitslosenquote sind die Personen, die sich bei der Agentur für Arbeit oder einem Jobcenter als arbeitslos gemeldet haben. Es handelt sich also um eine sekundärstatistische Auswertung der Verwaltungsdaten der Agentur für Arbeit.

Die Antwort auf die Frage, ob die Erwerbslosen- oder die Arbeitslosenquote besser die Situation der Personen auf der Suche nach Arbeit beschreibt, kann nicht eindeutig beantwortet werden. Sie hängt letztlich davon ab, auf welchen Sachverhalt, ausgedrückt in den Definitionen von „Erwerbslosigkeit" und „Arbeitslosigkeit", sich die Frage vorrangig bezieht.

### 3.1.3 Geldwertstabilität

In Deutschland ist Geldwertstabilität – im Sinne der Stabilität des Binnenwerts – nicht zuletzt aufgrund der Erfahrungen aus der Weimarer Zeit ein besonders wichtiger Sachverhalt. Eine auf Sicherung von Geldwertstabilität ausgerichtete Politik zielt darauf ab, dass sowohl Inflation als auch Deflation vermieden werden,

## 3.1 Wirtschaftsindikatoren

d. h. Preissteigerungen bzw. Preissenkungen unabhängig von Qualitätsveränderungen. Dabei geht es nicht um die Veränderung einzelner Preise, sondern um die des Preisniveaus von Gütern im Zeitablauf insgesamt.

Zur Messung der Geldwertstabilität dient in Deutschland die Wachstumsrate des von *Destatis* monatlich ausgewiesenen Verbraucherpreisindexes (VPI). Grundlage für seine Berechnung ist ein Warenkorb von aktuell ca. 700 Gütern (Waren und Dienstleistungen), die für den privaten Konsum aller privaten Haushalte repräsentativ sind und dessen Inhalt über einen Zeitraum von maximal 5 Jahren konstant gehalten wird. Die Gewichte für die Inhalte des Warenkorbs spiegeln die Verbrauchsgewohnheiten der privaten Haushalte wider. Für jedes Gut des Warenkorbs wird der Quotient aus dem aktuellen Preis und dem Preis in einem Referenzjahr, d. h. dem Basisjahr, gebildet und mit dem (konstanten) Gewicht des Warenkorbs multipliziert. Wenn man alle resultierenden gewichteten Quotienten aufsummiert, erhält man den VPI.[7] Der VPI ist somit ein Laspeyres-Preisindex von gewichteten Preismesszahlen. Die für die monatliche VPI-Berechnung erforderliche Preiserfassung erfolgt deutschlandweit durch speziell geschultes Erfassungspersonal und durch Auswertung weiterer Quellen, etwa des Internets.

Die hier mit $W_6$ bezeichnete **Wachstumsrate des Verbraucherpreisindexes** wird umgangssprachlich meist **Inflationsrate** genannt. Sie ergibt sich, wenn man die Differenz des VPI-Werts in einem Zeitraum und dem entsprechenden Wert in einer vorausgegangenen Referenzperiode (z. B. Vorjahr oder Vorquartal) durch den letztgenannten Wert dividiert. Aus dieser Definition folgt nach Aufspaltung des Quotienten die Darstellung

$W_6$ = VPI in der aktuellen Periode/VPI in einer früheren Referenzperiode − 1.

Auch dieser Indikator wird in % ausgewiesen, d. h. noch mit 100 multipliziert. Je nachdem, ob der vorausgegangene Monat oder der Vorjahresmonat als Referenzperiode verwendet wird, erhält man die Inflationsrate im Vergleich zum Vormonat bzw. zum gleichen Monat des Vorjahres. Im Januar 2025 betrug letztere 2,3 %, d. h. innerhalb der 12 Monate von Januar 2024 bis Januar 2025 sind die Preise der von einem durchschnittlichen privaten Haushalt gekauften Waren und Dienstleistungen um 2,3 % gestiegen.

---

[7] Zur Berechnung des VPI vgl. auch das Erklärvideo von *Destatis* unter https://www.destatis.de/DE/Themen/Wirtschaft/Preise/Verbraucherpreisindex/inflation.html.

Verbraucherpreisindizes bzw. deren Veränderungsraten sind allgemein anerkannte Indikatoren zur Messung von Geldwertstabilität. Trotz aller Anstrengungen der statistischen Ämter sind aber auch sie nicht frei von Kritik. Ein Kritikpunkt ist die Durchschnittsbetrachtung der Verbrauchsgewohnheiten. Der einzelne Haushalt wird nämlich in aller Regel aufgrund seiner individuellen Ausgabenstruktur und seiner vom Durchschnitt abweichenden Größe und Zusammensetzung andere Verbrauchsgewohnheiten aufweisen. Es entsteht dann der Eindruck, als ob die offiziell durch den Verbraucherpreisindex gemessene Preisentwicklung nicht im Einklang mit der eigenen Wahrnehmung steht („gefühlte Inflation"). Um diesem Problem entgegenzuwirken, bieten statistische Ämter und Zentralbanken zunehmend die Möglichkeit, anhand sogenannter „Persönlicher Inflationsrechner" Wachstumsraten des Verbraucherpreisindexes zu berechnen, bei denen persönliche Verbrauchsgewohnheiten bis zu einem gewissen Grad berücksichtigt werden können.[8]

Eine der zentralen Eigenschaften von Laspeyres-Indizes – und gleichzeitig einer seiner zentralen Kritikpunkte – ist die Konstanz der Gewichte (in diesem Fall sind dies die Ausgabenanteile), die den Gütern des Warenkorbs zugeordnet werden. Verändern sich die Verbrauchsgewohnheiten privater Haushalte innerhalb kürzerer Zeit nicht nur marginal, sondern eher grundlegend wie z. B. während der COVID19-Pandemie, dann ist die Annahme ihrer Konstanz nicht mehr gerechtfertigt. In solchen Situationen wäre es wünschenswert, in kleineren Zeitabständen aktuelle Informationen über die Verbrauchsgewohnheiten zu nutzen und in den Berechnungen zu berücksichtigen. Diesen Weg geht der **harmonisierte Verbraucherpreisindex (HVPI)** von *Eurostat,* dem Statistischen Amt der Europäischen Union. Er wird von allen EU-Mitgliedsstaaten nach einem einheitlichen Ansatz berechnet, auch von und für Deutschland. Der HVPI ermöglicht einen direkten Vergleich der Preisentwicklung aller EU-Mitgliedsstaaten und ist daher für die Europäische Zentralbank (EZB) als Konvergenzkriterium für die Währungsunion von zentraler Bedeutung. In der Konsequenz gibt es also für Deutschland zwei offizielle Verbraucherpreisindizes.

Der HVPI basiert auf denselben Preisen wie der nationale Verbraucherpreisindex VPI, lässt jedoch manche Waren und Dienstleistungen unberücksichtigt, vor allem die – wertmäßig bedeutsamen – unterstellten Mieten für selbstgenutztes Wohneigentum, und verwendet jedes Jahr aktualisierte Verbrauchsgewohnheiten ohne Rückrechnungen. Um auch längere Zeitreihen des HVPI zu erhalten, müssen zu Beginn eines jeden Jahres die Indexreihen mit unterschiedlichen

---

[8] Siehe z. B. unter https://service.destatis.de/inflationsrechner/.

## 3.1 Wirtschaftsindikatoren

**Tab. 3.3** Bewertung der Wirtschaftsindikatoren $W_6$ und $W_7$

| Indikatoren für Geldwertstabilität | Eigenschaften | |
|---|---|---|
| | Gemeinsame | Unterschiedliche |
| $W_6$: **Wachstumsrate des Verbraucherpreisindexes VPI** | *Begriffsnähe:* sehr hoch *Genauigkeit:* sehr hoch *Nutzerakzeptanz:* sehr hoch *Transparenz der Berechnungen:* sehr hoch | *Vergleichbarkeit (über die Zeit):* allgemein hoch, beim HVPI aber durch die Verkettung der Indexreihen strenggenommen eingeschränkt *Aktualität von Indikatorwerten:* sehr hoch, beim VPI aber eingeschränkt durch den über bis zu mehreren Jahren konstanten Warenkorb |
| $W_7$: **Wachstumsrate des harmonisierten Verbraucherpreisindexes HVPI** | | |

Gewichten verkettet werden, was zumindest im deutschsprachigen Raum methodisch nicht unumstritten ist.[9] Technisch erfolgt diese Verkettung über den Dezemberwert des jeweiligen Vorjahres.

Die Formel für die Berechnung der nachstehend mit $W_7$ bezeichneten **Wachstumsrate des HVPI** entspricht formal der für den VPI, also

$W_7$ = HVPI in der aktuellen Periode/HVPI in einer früheren Referenzperiode − 1.

Auch $W_7$ wird wieder in % ausgewiesen, d. h. mit 100 multipliziert.

Obwohl beide Indizes die gleiche Zielsetzung aufweisen, unterscheiden sie sich durchaus methodisch. Der HVPI im Januar 2025 betrug 2,8 % und lag damit über dem entsprechenden Wert des VPI von Destatis. Welcher der beiden Indizes die Veränderung der Geldwertstabilität „besser" abbildet, ist nicht eindeutig zu sagen: Letztendlich geht es hier um den Trade-Off zwischen der Vergleichbarkeit über die Zeit und der Aktualität des Warenkorbs.

---

[9] Siehe z. B. von der Lippe (ASTANEU.PDF).

## 3.1.4 Wirtschaftsentwicklung

Wesentlich für eine erfolgreiche wirtschaftliche Entwicklung auf Unternehmens- wie auch auf der makroökonomischen Ebene eines Landes ist ein möglichst realitätsnaher Blick in die Zukunft. Hierzu existiert ein breit gefächertes Instrumentarium von statistischen Prognosemethoden und vorlaufenden Konjunkturindikatoren. Erwähnt sei hier der **Auftragseingangsindex** von Destatis.[10] Zusätzlich gibt es speziell auf die Zukunft gerichtete Indikatoren, die auf Befragungen basieren. Bekannte Beispiele solcher Indikatoren in Deutschland sind der **ifo-Geschäftsklimaindex**[11], der **ZEW-Index** zu den Konjunkturerwartungen[12] sowie der **Konsumklimaindex der GfK**[13].

All diesen Indikatoren ist gemeinsam, dass sie ausgewählte Personengruppen bzw. Unternehmen nach ihrer aktuellen Einschätzung bzw. der zukünftigen Entwicklung relevant erscheinender Sachverhalte befragen. Hierzu zählen etwa beim ifo-Geschäftsklimaindex Fragen nach der gegenwärtigen Geschäftslage, den Geschäftserwartungen und der Nachfragesituation, beim ZEW-Index Fragen nach den erwarteten Entwicklungen für Konjunktur, Inflation, Zinsen, Aktienindizes und Wechselkurse. Beim Konsumklimaindex der GfK sind es Fragen nach der Konjunktur- und Einkommenserwartung sowie der Konsum- und Anschaffungsneigung privater Haushalte. Die Indikatoren unterscheiden sich also bereits grundsätzlich hinsichtlich des Verständnisses der Sachverhalte.

Statistisch-methodisch gibt es durchaus Gemeinsamkeiten. Die jeweiligen Antwortmöglichkeiten sind ordinalskaliert mit Ausprägungen wie „gut", „unverändert" und „schlecht" oder „besser", „gleichbleibend" und „schlechter". Die Antworten werden anschließend über alle Befragten zusammengefasst und als Prozentsätze ausgewiesen. Basis der daraus abgeleiteten Indizes (im weiteren Sinn) sind dann die Differenzen der Prozentsätze (Prozentsalden) für die erste – z. B. „gut" oder „besser" – und die dritte Antwortmöglichkeit – z. B.

---

[10] Grundsätzlich könnten hierzu auch Aktienindizes wie der Deutsche Aktienindex DAX gezählt werden, weil Anleger die erwartete wirtschaftliche Entwicklung häufig vorwegzunehmen versuchen. Der DAX ist ein Wertindex, der Kapitalwerte der berücksichtigten Unternehmen erfasst – diese korrigiert um die Anzahl der tatsächlich an der Börse handelbaren Aktien, die ausgeschütteten Dividenden und einen Verkettungsfaktor zur Berücksichtigung von Veränderungen in der Unternehmenszusammensetzung des DAX. Der DAX ist also kein reiner Kursindex, sondern ein sogenannter Performance-Index (zur Methodik vgl. z. B. Deltamodel | Wie berechnet sich der DAX®).

[11] Ifo Geschäftsklima Deutschland | Umfragereihe | ifo Institut

[12] ZEW-Index – Definition

[13] Methodenbeschreibung GfK-Konsumklimaindex.doc

## 3.1 Wirtschaftsindikatoren

„schlecht" oder „schlechter". Durch Bezug dieser Differenzen auf einen Basiswert in der Vergangenheit erhält man dann, gegebenenfalls nach zusätzlichen mathematischen bzw. statistischen Operationen, den Wert dieser Indizes.

Neben diesen Gemeinsamkeiten gibt es aber auch grundlegende methodische Unterschiede zwischen den drei genannten Indizes. Hierzu gehören die Befragungsgesamtheiten, die Größe der Stichproben, die Art ihrer Erhebung, die Behandlung von Antwortausfällen, die Verwendung von Gewichten bei der Berechnung der Prozentsätze und die Berechnungsformel für den Index selbst. Beim ifo-Geschäftsklimaindex beispielsweise werden monatlich mehrere Tausend Unternehmen aus einem Unternehmenspanel um ihre Meinung gebeten, beim ZEW-Index hingegen einige wenige Hundert Experten. Die Ergebnisse des ifo-Geschäftsklimaindex werden anhand der Bedeutung der Wirtschaftszweige gewichtet, zu dem ein antwortendes Unternehmen gehört. Beim ZEW-Index findet hingegen keine Gewichtung statt. Der ifo-Geschäftsklimaindex wird als geometrisches Mittel der Prozentsalden für die Antworten zur aktuellen Geschäftslage und der Geschäftserwartungen berechnet, beim ZEW-Index gehen die Prozentsalden direkt in die Berechnungen ein.

Trotz einiger Gemeinsamkeiten unterscheiden sich die genannten Indikatoren zur Abschätzung der zukünftigen Wirtschaftsentwicklung Deutschlands also in wichtigen, vor allem auch methodischen Aspekten. Es ist daher nicht verwunderlich, dass sie für ein- und denselben Zeitraum in aller Regel keineswegs zu den gleichen Aussagen führen. Als Beispiel seien die Indexwerte vom Januar 2025 und (in Klammern) ihre Werte im gleichen Vorjahreszeitraum genannt:

- Ifo-Geschäftsklimaindex: 85,2 (85,4), ein Rückgang in einem Jahr um 0,2 Indexpunkte (2015 = 100);
- ZEW-Index (Konjunkturerwartungen): 10,3 (15,2), ein Rückgang in einem Jahr um 4,9 Indexpunkte (Wertebereich von $-100$ bis $+100$);
- Konsumklimaindex der GfK: $-21,4$ ($-25,4$), ein Anstieg in einem Jahr um 4,0 Indexpunkte (Wertebereich von $-100$ bis $+100$).

Die Frage, welcher der drei Indizes die Wirtschaftsentwicklung Deutschlands oder eines Wirtschaftszweigs besser oder am besten darzustellen in der Lage ist, kann nicht ohne Weiteres beantwortet werden. Entscheidend ist, dass alle drei den Sachverhalt „Wirtschaftsentwicklung" unterschiedlich definieren und messen. Folglich sollte die zugrunde liegende Definition die Basis sein für die Entscheidung zugunsten eines der drei Indikatoren. Beispielsweise fließt beim ifo-Geschäftsklimaindex die Einschätzung der aktuellen Geschäftslage ein, beim

**Tab. 3.4** Bewertung des ifo-Geschäftsklimaindexes

| Beispiel eines Indikators für Wirtschaftsentwicklung | Eigenschaften |
|---|---|
| $W_8$: **Ifo-Geschäftsklimaindex** | *Begriffsnähe:* abhängig von der Definition des Sachverhalts „Wirtschaftsentwicklung" sehr hoch<br>*Genauigkeit:* hoch<br>*Nutzerakzeptanz:* sehr hoch<br>*Vergleichbarkeit:* sehr hoch<br>*Aktualität von Indikatorwerten:* sehr hoch<br>*Transparenz der Berechnungen:* eingeschränkt |

ZEW-Index der Konjunkturerwartungen hingegen nicht, und der Konsumklimaindex der GfK konzentriert sich auf die Entwicklung des privaten Konsums. Der Sachverhalt „Wirtschaftsentwicklung" wird also durchaus unterschiedlich definiert. Hinzukommen methodische Unterschiede.

Da die Berechnung der drei genannten Indikatoren z. T. nicht sehr transparent ist und auch ihre Bewertung letztendlich von den allgemein zugänglichen Informationen abhängt[14], verzichten wir ausnahmsweise auf die Wiedergabe der Formeln und bewerten in Tab. 3.4 nur den ifo-Geschäftsklimaindex, der hier mit $W_8$ abgekürzt sei.

### 3.1.5 Einkommen

Einkommen ist ein vielschichtiger Begriff. Umgangssprachlich bezeichnet er den Geldbetrag, der Personen ihr tägliches Leben ermöglicht und entweder für privaten Konsum ausgegeben oder gespart wird. Aber „Einkommen" kann auch ganz anders verstanden werden: Der Begriff kann sich beispielsweise auf eine Volkswirtschaft insgesamt oder auf die Einkommensgenerierung eines Einzelnen während einer bestimmten Zeiteinheit beziehen, um nur zwei abweichende Begriffsmöglichkeiten zu nennen. Entsprechend geht es letztendlich um unterschiedliche Sachverhalte, die durch unterschiedliche Indikatoren und auf der Basis unterschiedlicher Datenquellen abgebildet werden.

---

[14] Vgl. beispielsweise https://www.deltavalue.de/ifo-geschaeftsklimaindex/, https://www.deltavalue.de/zew-index/ und http://commons.de/wp-content/uploads/GfK_Konsumklimaindex.pdf.

## 3.1 Wirtschaftsindikatoren

Gesamtwirtschaftlich spielt das **Volkseinkommen**, ein Begriff aus den Volkswirtschaftlichen Gesamtrechnungen, eine wichtige Rolle.[15] Es ist definiert als die Summe aus den Arbeitnehmerentgelten und den Unternehmens- und Vermögenseinkommen.[16] Das Volkseinkommen unterscheidet sich damit grundlegend von dem umgangssprachlichen Begriff des Einkommens, da es insbesondere die Transfereinkommenszahlungen des Staates wie z. B. Sozialhilfe, Kinder- oder Wohngeld an private Haushalte nicht beinhaltet.

$W_9$ = Arbeitnehmerentgelte + Unternehmens - und Vermögenseinkommen,

ausgedrückt in Geldeinheiten. Das Volkseinkommen Deutschlands betrug 2023 etwa 3.134 Mrd. € und lag damit nominell knapp 200 Mrd. € höher als im Vorjahr. Derzeit entfallen etwa 70 % des Volkseinkommens auf Arbeitnehmerentgelte und 30 % auf Unternehmens- und Vermögenseinkommen.

Zur Beurteilung der Einkommenssituation einer Bevölkerung im Hinblick auf den für ihr tägliches Leben zur Verfügung stehenden Geldbetrag ist das Volkseinkommens ungeeignet: Zum einen bleiben Transfereinkommen unberücksichtigt, zum anderen sind Steuern und Sozialbeiträge in Abzug zu bringen, die das letztendlich zur Verfügung stehende Einkommen schmälern. Ein für die Abschätzung der Einkommenssituation privater Haushalte wesentlich geeigneterer Indikator ist deshalb das **Nettohaushaltseinkommen**

$W_{10}$ = Haushaltsbruttoeinkommen − Steuern und Abgaben des privaten Haushalts,

---

[15] In der aktuellen Fassung des ESVG (Europäisches System Volkswirtschaftlicher Gesamtrechnungen) wird dieser Begriff aufgrund methodischer Bedenken nicht mehr verwendet, von Destatis aber weiterhin ausgewiesen. Der Begriff, der den Terminus „Volkseinkommen" im ESVG ersetzt, ist „Bruttonationaleinkommen".

[16] Zu den grundlegenden Eigenschaften der Volkswirtschaftlichen Gesamtrechnungen siehe die Ausführungen in Abschn. 3.1.1. Sie sind grundsätzlich auch für das Volkseinkommen relevant, weil die Unternehmens- und Vermögenseinkommen in den Volkswirtschaftlichen Gesamtrechnungen als Residuum (Restgröße) des mittels der Entstehungs- bzw. Verteilungsrechnung ermittelten Volkseinkommens berechnet wird. Für eine direkte Erhebung der Unternehmens- und Vermögenseinkommen fehlen geeignete Erhebungen der amtlichen Statistik (siehe auch Qualitätsbericht – Volkswirtschaftliche Gesamtrechnungen – VGR – 2023-2024).

auch hier ausgedrückt in Geldeinheiten. Im Jahr 2022 betrug das durchschnittliche Haushaltsbruttoeinkommen 62.485 €[17], was einem durchschnittlichen Haushaltsnettoeinkommen von 43.795 € entsprach.[18]

Allerdings ist das durchschnittliche Einkommen (verstanden als arithmetisches Mittel der Nettoeinkommen aller privaten Haushalte) aufgrund der auch in Deutschland rechtsschiefen Einkommensverteilung nur bedingt aussagefähig. Ein besser geeigneter Indikator ist der Median der nationalen Einkommensverteilung. Er betrug im gleichen Zeitraum 46.292 € (Bruttohaushaltseinkommen) bzw. 35.510 € (Nettohaushaltseinkommen), d. h. die Hälfte der privaten Haushalte Deutschlands hatte in diesem Jahr ein Bruttoeinkommen (Nettoeinkommen) von bis zu 46.292 € (35.510 €) und die andere Hälfte entsprechend mehr.

Der größte Teil des Einkommens in Deutschland entsteht durch unselbständige Arbeit, dessen Wert neben der geleisteten Arbeitszeit von den Stundenverdiensten abhängt. Zur Darstellung der Stundenverdienste dient der Indikator **Bruttostundenverdienst.** Dieser hier mit $W_{11}$ abgekürzte Indikator ist definiert als

$$W_{11} = \text{Bruttomonatsverdienst/bezahlte Arbeitsstunden}$$

und wird ebenfalls in Geldeinheiten ausgedrückt.[19] Der über alle Wirtschaftszweige gerechnete durchschnittliche Bruttostundenverdienst ohne Sonderzahlungen belief sich im April 2023 in Deutschland auf 24,59 €.

In der Verdienststatistik werden auch Informationen über die Beschäftigten erhoben, etwa über Familienstand und Geschlecht sowie über den Wirtschaftszweig, in dem sie beschäftigt sind. Damit sind u. a. Berechnungen des Gender Pay Gaps möglich. Dieser bezeichnet Unterschiede in der Bezahlung von Männern und Frauen. Die Differenz der Bruttostundenverdienste wird üblicherweise in % des durchschnittlichen Bruttostundenverdiensts der Männer ausgedrückt.

Dabei ist zwischen dem unbereinigten und dem bereinigten Gender Pay Gap zu unterscheiden. Beim **unbereinigten Gender Pay Gap** wird die Differenz

---

[17] Datengrundlage ist die Gemeinschaftsstatistik über Einkommens- und Lebensbedingungen – EU-SILC –, eine Unterstichprobe des Mikrozensus (zu methodischen Details siehe Qualitätsbericht EU-SILC 2022).

[18] Strenggenommen handelt es sich um das verfügbare Haushaltseinkommen, das sich vom Haushaltsnettoeinkommen u. a. durch Geldtransfers zwischen privaten Haushalten unterscheidet. Details sind im Qualitätsbericht zu EU-SILC zu finden.

[19] Zur Methodik der seit 2022 eingesetzten Verdienststatistik siehe Qualitätsbericht – Erhebung der Arbeitsverdienste nach § 4 Verdienststatistikgesetz. Obwohl monatlich ausgewiesen, sind nur die April-Ergebnisse repräsentativ.

der durchschnittlichen Bruttostundenverdienste von Männern und Frauen ohne weitere Anpassungen berechnet. Er ist ein Indikator dafür, wie stark sich die Verdienste zwischen Männern und Frauen absolut unterscheiden. Unberücksichtigt bleibt dabei, dass die Beschäftigungsstrukturen zwischen Männern und Frauen keinesfalls identisch sind. Beispielsweise arbeiten Frauen tendenziell häufiger in Teilzeit und – hiermit oft verbunden – in schlechter bezahlten Berufen, sodass der Wert des unbereinigten Gender Pay Gaps auch durch die unterschiedliche Beschäftigungsstruktur bei Männern und Frauen beeinflusst wird. Dieser Effekt wird beim **bereinigten Gender Pay Gap** berücksichtigt. Es gibt also nicht den „einen" Gender Pay Gap. Bei der Entscheidung zwischen der unbereinigten und der bereinigten Indikatorvariante ist zu prüfen, ob die „reinen" Bruttoverdienstunterschiede im Vordergrund stehen oder zusätzlich auch Unterschiede in der Beschäftigungsstruktur von Männern und Frauen berücksichtigt werden sollen.

Der unbereinigte Gender Pay Gap lag 2024 in Deutschland bei 16 %, der des bereinigten Gender Pay Gaps nur bei etwa 6 %, d. h. Strukturunterschiede machen etwa 10 Prozentpunkte aus. Der bereinigte Gender Pay Gap ist ein Maß für geschlechtsspezifische Diskriminierung auf dem Arbeitsmarkt.

Ein Blick auf die vorgestellten Indikatoren zeigt, dass es auch für den Sachverhalt „Einkommen" mehrere Indikatoren gibt. Je nachdem, ob es um den gesamtwirtschaftlichen Umfang an entstandenem Einkommen, die Einkommenssituation privater Haushalte oder die Entwicklung des Gegenwerts für eingebrachte unselbständige Arbeit geht, sind jeweils andere spezifische Indikatoren geeignet. Entscheidend ist also auch bei diesem Sachverhalt, welcher spezifische Aspekt letztendlich gemessen werden soll.

## 3.2 Sozialindikatoren

### 3.2.1 Armut

In der Sozialpolitik spielt das Phänomen „Armut" eine große Rolle. Das Ziel von Armutspolitik ist die Bekämpfung von Armut und sozialer Ausgrenzung.

Armut ist zunächst ein umgangssprachlicher Begriff, der Raum für Interpretationen lässt. Intuitiv wird Armut häufig mit einem Mindestgeldbetrag gleichgesetzt, den eine Person regelmäßig für ihre Lebensführung zur Verfügung haben sollte, um nicht in einen existenzbedrohenden Mangelzustand zu kommen – andernfalls gilt sie als „arm" („absolute Armut"). Die Grenze zur absoluten Armut ist abhängig von der Lebenssituation einer Person, insbesondere

**Tab. 3.5** Bewertung der Wirtschaftsindikatoren $W_9$ bis $W_{11}$

| Indikatoren für Einkommen | Eigenschaften | |
|---|---|---|
| | Gemeinsame | Unterschiedliche |
| $W_9$: **Volkseinkommen** (Arbeitnehmerentgelte plus Unternehmens- und Vermögenseinkommen) | *Genauigkeit:* eingeschränkt durch Berechnung als Residuum *Vergleichbarkeit:* hoch *Aktualität:* sehr hoch | *Begriffsnähe:* grundsätzlich sehr hoch, aber abhängig vom speziellen Sachverhalt *Nutzerakzeptanz:* sehr hoch *Transparenz:* sehr hoch |
| $W_{10}$: **Haushaltsnettoeinkommen** (Haushaltsbruttoeinkommen abzüglich Steuern und Abgaben des privaten Haushalts) | *Genauigkeit:* hoch *Vergleichbarkeit:* hoch *Aktualität:* eingeschränkt | |
| $W_{11}$: **Bruttostundenverdienst** (Bruttomonatsverdienst/ bezahlte Arbeitsstunden) | *Genauigkeit:* hoch *Vergleichbarkeit:* eingeschränkt durch einen Zeitreihenbruch zwischen 2021 und 2022 *Aktualität:* eingeschränkt | |

von der Region, in der sie lebt. Indikatoren der absoluten Armut können daher insbesondere für Vergleiche von Ländern nur eine begrenzte Aussagekraft haben.

Um Vergleiche vom Ausmaß an Armut über die Zeit und vor allem zwischen Ländern oder Regionen zu ermöglichen, wurde international der Begriff der „relativen Armut" eingeführt. Nach dieser Konvention gilt eine alleinlebende erwachsene Person als arm, wenn sie weniger als 60 % des mittleren Einkommens, gemessen am Median der nationalen Einkommensverteilung, zur Verfügung hat. Bei Mehrpersonenhaushalten wird das die Armutsgrenze definierende Einkommen nicht einfach mit der Personenzahl multipliziert, weil Einspareffekte durch gemeinsame Haushaltsführung zu berücksichtigen sind. Die Grenze zur relativen Armut ist hier durch ein sog. *Äquivalenzeinkommen* definiert, in das die Haushaltsmitglieder mit festen Gewichten eingehen.[20]

Derzeit gebräuchliche Indikatoren der relativen Armut sind, methodisch betrachtet, Anteile der „Armen" an der Gesamtbevölkerung, wobei für den Zähler (den Umfang der „armen Bevölkerung") unterschiedliche Konzepte verwendet werden.

Bei der **Armutsgefährdungsquote** $S_1$ umfasst der Zähler alle Personen, die die Bedingung der relativen Armut erfüllen, d. h. deren Netto-Gesamteinkommen

---

[20] Siehe hierzu z. B. (Netto-) Äquivalenzeinkommen – Statistisches Bundesamt.

## 3.2 Sozialindikatoren

einschließlich aller Transferleistungen weniger als 60 % des mittleren Einkommens beträgt, letzteres repräsentiert durch den Median der nationalen bzw. regionalen Einkommensverteilung:

$S_1$ = Umfang der in relativer Armut lebenden Bevölkerung/Bevölkerungsumfang.

Auch $S_1$ wird üblicherweise in % ausgedrückt. In Deutschland lag die Armutsgefährdungsquote $S_1$ im Jahr 2023 bei 15,5 %.

Der Indikator $S_1$ weist sowohl konzeptionelle als auch methodische Schwächen auf. Konzeptionell wird kritisiert, dass bei ihm Armutsgefährdung ausschließlich monetär definiert wird. Die methodische Kritik richtet sich vor allem gegen das Konzept des bedarfsgewichteten Äquivalenzeinkommens.[21]

Zur Vermeidung zumindest des konzeptionellen Kritikpunkts wird die Armutsgefährdungsquote alternativ anhand der **Quote $S_2$ der von Armut oder sozialer Ausgrenzung bedrohten Personen** ausgewiesen, d. h.

$S_2$ = Umfang der in relativer Armut lebenden oder von sozialer Ausgrenzung bedrohten Bevölkerung/Bevölkerungsumfang,

erneut ausgedrückt in %. Der Wert von $S_2$ betrug 2023 in Deutschland 20,9 %, lag also um 5,4 Prozentpunkte höher als die Armutsgefährdungsquote. Den Unterschied machen Personen aus, die zwar das Kriterium der relativen monetären Armut nicht erfüllen, aber dennoch unter erheblichen nicht-monetären Entbehrungen leiden oder zu einem Haushalt mit sehr geringer Erwerbsbeteiligung gehören.

### 3.2.2 Bevölkerungsentwicklung

Größe und Struktur einer Bevölkerung sind grundlegende Parameter einer Gesellschaft und ihrer Politiken. Es ist daher für alle Entscheidungsträger einer Gesellschaft essentiell, diese Größen zu kennen. Basis der Informationen über Größe und Struktur der Bevölkerung in Deutschland sind der jeweils letzte Zensus (Volkszählung) und seine Fortschreibung. Der letzte Zensus fand in Deutschland

---

[21] Zu methodischen Details der zugrunde liegenden Statistik siehe *Destatis,* Qualitätsbericht – Gemeinschaftsstatistik über Einkommen und Lebensbedingungen EU-SILC 2023 (Mikrozensus-Unterstichprobe zu Einkommen und Lebensbedingungen).

**Tab. 3.6** Bewertung der Sozialindikatoren $S_1$ und $S_2$

| Indikatoren für relative Armut | Eigenschaften | |
|---|---|---|
| | Unterschiedliche | Gemeinsame |
| $S_1$: **Armutsgefährdungsquote** (Umfang der in relativer Armut lebenden Bevölkerung/ Bevölkerungsumfang) | *Begriffsnähe:* eingeschränkt durch Begrenzung auf relative Armut<br>*Genauigkeit:* eingeschränkt, vor allem bedingt durch die Berechnung des Äquivalenzeinkommens mit festen Gewichten | *Nutzerakzeptanz:* hoch<br>*Vergleichbarkeit:* eingeschränkt durch einen Zeitreihenbruch zwischen 2019 und 2020<br>*Aktualität von Indikatorwerten:* hoch<br>*Transparenz der Berechnungen:* hoch |
| $S_2$: **Quote der von Armut oder sozialer Ausgrenzung bedrohten Personen** (Umfang der in relativer Armut lebenden oder von sozialer Ausgrenzung bedrohten Bevölkerung/ Bevölkerungsumfang) | *Begriffsnähe:* höher als bei $S_1$, bedingt durch die Erweiterung der Definition auf Personen, die unter erheblichen nicht-monetären Entbehrungen leiden<br>*Genauigkeit:* geringer als bei $S_1$, bedingt durch die Selbsteinschätzung bei der Erfassung von erheblichen nicht-monetären Entbehrungen | |

2022 statt. Danach hatte Deutschland zu diesem Zeitpunkt einen Bevölkerungsbestand von 82,8 Mio. Einwohner, der sich bis Ende 2024 auf 83,5 Mio. erhöht hat. Für die Veränderung der Bevölkerungsgröße sind drei Faktoren entscheidend: Fruchtbarkeit, Sterblichkeit und Wanderung.[22]

Es gibt gerade im Bereich der Fruchtbarkeitsmessung eine Vielzahl von Indikatoren, die zum Teil auch von der amtlichen Statistik zur Verfügung gestellt werden.[23] Einen ersten Eindruck vom aktuellen Niveau der Fruchtbarkeit der Frauen einer Bevölkerung bietet die **rohe Geburtenziffer,** definiert als

$S_3$ = Anzahl der Lebendgeborenen in einer Periode/mittlerer Bevölkerungsumfang in dieser Periode,

---

[22] Bei Destatis sind umfangreiche Informationen zu Bevölkerungsbestand, Bevölkerungsstruktur und Bevölkerungsentwicklung Deutschlands zu finden (siehe z.B. Bevölkerungsstand: Amtliche Einwohnerzahl Deutschlands – Statistisches Bundesamt).

[23] Vgl. z. B. Grünewald (1987).

## 3.2 Sozialindikatoren

üblicherweise multipliziert mit 1000. Als Periode wird meist ein Kalenderjahr gewählt und der Bevölkerungsumfang auf die Mitte des betreffenden Jahres bezogen. In Deutschland betrug 2023 die rohe Geburtenziffer 8,2, d. h. auf 1000 Personen des mittleren Bevölkerungsumfangs kamen 8,2 Lebendgeborene.

Der Wert der rohen Geburtenziffer hängt neben der Fruchtbarkeit der Frauen vor allem von der Altersstruktur der Bevölkerung ab: Gibt es viele Frauen in der Altersspanne, in der sie normalerweise Kinder bekommen – üblicherweise wird als Fruchtbarkeitsperiode die Alterspanne von 15 bis 49 Jahre zugrunde gelegt –, ist der Wert dieses Indikators tendenziell höher. Umgekehrt ist er niedriger, wenn es mehr Einwohner in höheren Altersklassen gibt, ohne dass sich an der Fruchtbarkeit der Frauen irgendetwas verändert hätte. Die rohe Geburtenziffer ist also nicht nur eine Funktion des eigentlich interessierenden Sachverhalts „Fruchtbarkeit", sondern auch der Bevölkerungsstruktur.

Zur Behebung dieses Nachteils wird zur Messung der Fruchtbarkeit beispielsweise die **zusammengefasste Geburtenziffer** verwendet.[24] Sie ist eine hypothetische Größe und definiert als

$S_4$ = Summe der altersspezifischen Geburtenziffern von Frauen über alle Altersklassen.

Dabei ist die altersspezifische Geburtenziffer einer Frau einer bestimmten Altersklasse definiert als Quotient aus der Anzahl der von den Frauen dieser Altersklasse lebendgeborenen Kinder und dem mittleren Bevölkerungsumfang der Frauen in dieser Altersklasse.

Der Indikator $S_4$ gibt die Anzahl der Lebendgeborenen an, die für eine Frau im Laufe ihres Lebens zu erwarten wäre, wenn die Verhältnisse des betrachteten Jahres während ihrer gesamten Fruchtbarkeitsperiode unverändert blieben.

Der Wert der zusammengefassten Geburtenziffer $S_4$ in Deutschland im Jahr 2023 betrug 1,35 Kinder. Dies bedeutet, dass eine Frau unter den 2023 beobachteten Verhältnissen während ihres Lebens 1,35 Kinder lebend zur Welt bringen würde – also deutlich weniger als notwendig wäre, um sich und ihren Partner zu ersetzen. Das aktuell zu beobachtende Fruchtbarkeitsniveau würde also zu einer Bevölkerungsreduktion führen, wenn nicht andere Faktoren dieser entgegenwirkten.

Auch zur Darstellung des Sterblichkeitsniveaus einer Bevölkerung gibt es verschiedene Indikatoren. Für einen ersten groben Überblick dient, analog zur rohen Geburtenziffer, die **rohe Sterbeziffer**. Sie ist definiert als

---

[24] Werte u. a. der Indikatoren $S_3$ und $S_4$ für alle EU-Länder und die Türkei sind für den Zeitraum 2006 – 2019 unter https://www.mittag-statistik.de/app/ehen/ interaktiv visualisiert.

**Tab. 3.7** Bewertung der Sozialindikatoren $S_3$ und $S_4$

| Indikatoren für Fruchtbarkeit | Eigenschaften | |
|---|---|---|
| | Gemeinsame | Unterschiedliche |
| $S_3$: **Rohe Geburtenziffer** (Anzahl der Lebendgeborenen in einem Zeitraum/mittlerer Bevölkerungsumfang) | *Nutzerakzeptanz:* hoch *Genauigkeit:* sehr hoch *Vergleichbarkeit:* sehr hoch *Aktualität von Indikatorwerten:* sehr hoch *Transparenz der Berechnungen:* sehr hoch | *Begriffsnähe:* eingeschränkt durch Abhängigkeit von der Bevölkerungsstruktur |
| $S_4$: **Zusammengefasste Geburtenziffer** (Summe der altersspezifischen Geburtenziffern von Frauen über alle Altersklassen) | | *Begriffsnähe:* hoch |

$S_5$ = Anzahl der Gestorbenen in einem Zeitraum/mittlerer Bevölkerungsumfang.

Der Quotient $S_5$ wird üblicherweise mit 1000 multipliziert. In Deutschland betrug 2023 die rohe Sterberate 12,2, d. h. auf 1000 Personen des mittleren Bevölkerungsumfangs kamen 12,2 Sterbefälle.

Vergleicht man die rohe Geburtsziffer mit der rohen Sterbeziffer des Jahres 2023, dann starben 2023 je 1000 Einwohner 4 Personen mehr als Kinder geboren wurden, d. h. der Saldo aus Fruchtbarkeit und Sterblichkeit deutet auf einen Bevölkerungsrückgang hin.

Ein großer Nachteil auch des Indikators $S_5$ ist seine Abhängigkeit von der Altersstruktur. Rohe Sterbeziffern sind unabhängig von der jeweiligen Sterblichkeit umso höher, je älter eine Bevölkerung ist. Ein Konzept zur Überwindung dieses methodischen Mangels bietet die **durchschnittliche fernere Lebenserwartung**. Bei diesem nachstehend mit $S_6$ bezeichneten Indikator wird anhand von Sterbetafeln berechnet, wie viele weitere Lebensjahre Jahre eine Person, die ein bestimmtes Alter erreicht hat, als Restlebenszeit noch erwarten kann, wenn sich die beobachtete Sterblichkeit für den Rest ihres Lebens nicht verändert:

$S_6$ = Anzahl der von einer Person bei Erreichung eines bestimmten Alters noch zu erwartenden Lebensjahre/Anzahl der Personen, die dieses Alter erreichen.

Entscheidend für das Verständnis von $S_6$ ist, dass es sich um einen Durchschnittswert handelt, der über die Sterblichkeit einer einzelnen Person nichts aussagt.

## 3.2 Sozialindikatoren

**Tab. 3.8** Bewertung der Sozialindikatoren $S_5$ und $S_6$

| Indikatoren für Sterblichkeit | Eigenschaften | |
|---|---|---|
| | Gemeinsame | Unterschiedliche |
| $S_5$: **Rohe Sterbeziffer** (Anzahl der Sterbefälle in einem Zeitraum/mittlerer Bevölkerungsumfang) | *Begriffsnähe:* eingeschränkt durch Abhängigkeit von der Bevölkerungsstruktur | *Nutzerakzeptanz:* hoch *Genauigkeit:* sehr hoch *Vergleichbarkeit:* sehr hoch *Aktualität von Indikatorwerten:* sehr hoch *Transparenz der Berechnungen:* sehr hoch |
| $S_6$: **Durchschnittliche fernere Lebenserwartung** (zu erwartende Restlebenszeit) | *Begriffsnähe:* hoch | |

Die durchschnittliche fernere Lebenserwartung wird in der amtlichen Statistik Deutschlands grundsätzlich für alle vollendeten Alter in Jahren sowie für Männer und Frauen getrennt ausgewiesen. Basierend auf der Sterbetafel 2021/2023 betrug die durchschnittliche fernere Lebenserwartung eines neugeborenen Jungen 78,2 Jahre und die eines neugeborenen Mädchens 83,0 Jahre.[25]

Betrachtet man anstelle der Lebenserwartung Neugeborener beispielsweise die von Personen, die das 65. Lebensjahr bereits vollendet haben, dann kann eine Frau auf der Basis der in den Jahren 2021 bis 2023 beobachteten Sterblichkeit bei Erreichung ihres 65. Lebensjahres erwarten, noch weitere 20,9 Jahre zu leben, d. h. im Durchschnitt im Alter von 85,9 Jahren zu sterben. Für Männer ist eine Restlebenszeit von 17,6 Jahren zu erwarten, also ein Versterben mit 82,6 Jahren.

Die letzte Komponente, die einen direkten Einfluss auf Umfang und Struktur einer Bevölkerung hat, ist die Außenwanderung, also die Wanderung über die Grenzen eines Landes hinweg, die sowohl die Ein- als auch die Auswanderung umfasst. Zu ihrer Messung dient der **Wanderungssaldo,** definiert als

$$S_7 = \text{Anzahl der Zuzüge} - \text{Anzahl der Wegzüge}.$$

Der Wanderungssaldo Deutschlands im Jahr 2023 betrug etwa 663.000 Personen, d. h. in diesem Jahr sind ca. 663.000 Personen mehr nach Deutschland eingewandert als ausgewandert. Trotz der höheren Zahl an Sterbefällen im Vergleich zu den Lebendgeborenen ist damit der Bevölkerungsumfang Deutschlands im Jahr 2023 im Vergleich zum Vorjahr um etwa 330.000 Männer und Frauen gestiegen.

---

[25] Zur Ausschaltung von Sondereffekten bei der Sterblichkeit werden die Sterbefälle mehrerer aufeinanderfolgender Kalenderjahre in einer Sterbetafel zusammengefasst.

**Tab. 3.9** Bewertung des Sozialindikators $S_7$

| Indikator für Wanderungsbewegungen | Eigenschaften |
|---|---|
| $S_7$: **Wanderungssaldo** (Anzahl der Zuzüge minus Anzahl der Wegzüge) | *Begriffsnähe:* sehr hoch<br>*Nutzerakzeptanz:* hoch<br>*Genauigkeit:* hoch trotz der systematischen Untererfassung der Auswanderung durch Vernachlässigung der Abmeldepflicht<br>*Vergleichbarkeit:* eingeschränkt wegen wiederholter technischer Umstellungen und methodischer Änderungen<br>*Aktualität von Indikatorwerten:* sehr hoch<br>*Transparenz der Berechnungen:* sehr hoch |

## 3.3 Umweltindikatoren

### 3.3.1 Klimawandel: Output an klimaschädlichen Gasen

Treibhausgase[26] werden in der aktuellen Diskussion über den Klimawandel als eine zentrale Ursache für den globalen Temperaturanstieg angesehen. Folglich ist das Monitoring von Treibhausgasemissionen Bestandteil nationaler und internationaler Umweltpolitiken. Die EU beispielsweise will bis 2030 die Treibhausgasemissionen um 55 % gegenüber dem Niveau von 1990 senken und 2050 Treibhausgasneutralität erreichen. Deutschland beabsichtigt bis 2030 sogar eine Reduktion um 65 %, bis 2040 um 88 % und strebt Treibhausgasneutralität schon für 2045 an.

Als Indikator für die Entwicklung von Treibhausgasemissionen eines Landes über die Zeit und damit zur Überprüfung der nationalen Zielerreichung für diesen Teil einer Umweltpolitik wird der Quotient

$$U_1 = \text{aktuelles Emissionsniveau/Emissionsniveau im Jahr 1990}$$

---

[26] Im 2005 in Kraft getretenen Kyoto-Protokoll zur Eindämmung der Effekte des Klimawandels werden Kohlendioxid ($CO_2$), Methan ($CH_4$), Lachgas ($N_2O$) und fluorhaltige Gase als Treibhausgase bezeichnet. Das Erderwärmungspotenzial der unterschiedlichen Gase wird durch eine Maßzahl GWP (= global *w*arming *p*otential) ausgedrückt. Der GWP-Wert für Kohlendioxid, dem mengenmäßig bedeutendsten Treibhausgas (Anteil im Jahr 2023: ca. 89 %), wird dabei als 1 definiert. So lässt sich die Gesamtbelastung durch Treibhausgase in $CO_2$-Äquivalenten ausdrücken.

## 3.3 Umweltindikatoren

herangezogen, also das **aktuelle Niveau der Treibhausgasemissionen, referenziert auf 1990**. Die Werte im Zähler und Nenner von $U_1$ werden in Millionen Tonnen von $CO_2$-Äquivalenten gemessen; der Quotient selbst ist folglich dimensionslos. Dem Emissionsniveau im Jahr 1990 wird dabei der Wert 100 zugewiesen (Indexwert für 1990 = 100). Dies heißt, dass $U_1$ für die EU als Ganzes bis zum Jahr 2030 auf den Wert 45 fallen soll, für Deutschland sogar auf den Wert 35 und bis 2040 auf den Wert 12.

Daten für Deutschland wie auch für die übrigen Länder der EU findet man beispielsweise bei *Eurostat*.[27] Nimmt man als Bezugsjahr das Jahr 2022, so schwankten die Werte von $U_1$ innerhalb der EU zwischen etwa 150 und 28, d. h. im Extremfall hatten die Treibhausgasemissionen in einem Land von 1990 bis 2022 um ca. 50 % zugenommen, während sie bei anderen Ländern um bis zu 72 % sanken. Deutschland befand sich mit einer Reduktion um etwa 40 % (also $U_1 \approx 60$) im Mittelfeld.

Der Bezug auf ein Basisjahr hat den Nachteil, dass die Emissionsniveaus im Basisjahr von Land zu Land sehr unterschiedlich sein können. Der Indikator ermöglicht es also zwar, nationale Veränderungen des Ausstoßes von Treibhausgasen gegenüber dem Referenzjahr zu messen, nicht aber den aktuellen Stand unterschiedlicher Länder zu vergleichen.

Für Vergleiche zwischen Ländern dient das **aktuelle Pro-Kopf-Niveau der Treibhausgasemissionen**. Dieser Indikator ist definiert als

$$U_2 = \text{aktuelles Emissionsniveau/Bevölkerungsumfang}$$

und wird gemessen in Tonnen von $CO_2$-Äquivalenten pro Kopf. Betrachtet man erneut das Jahr 2022, dann schwankten die Pro-Kopf-Emissionen in der EU im genannten Jahr zwischen knapp 15 und knapp unter 1 Tonne(n) an $CO_2$-Äquivalenten pro Kopf – eine erneut relativ große Spannweite, wobei sich das Ranking der Länder bei diesem Indikator deutlich von dem bei Indikator $U_1$ unterscheidet. Deutschland lag hier 2022 mit einem Wert $U_2$ etwas oberhalb von 9 beim EU-Vergleich nur im unteren Drittel, wenn man die Länder mit den niedrigsten Pro-Kopf-Emissionen an die Spitze des Rankings setzt.

Entsprechend ihrer unterschiedlichen Zielsetzungen liefern die beiden Indikatoren deutlich unterschiedliche Resultate. Im Hinblick auf die Zielsetzung der Reduktion von Treibhausemissionen sind beide relevant, ergänzen sich somit und

---

[27] Quelle: Eurostat-Datenbank (https://ec.europa.eu/eurostat/de/data/database), Pfad „EU-Politikbereiche/Nachhaltigkeitsindikatoren", Ziel 13 „Maßnahmen zum Klimaschutz".

**Tab. 3.10** Bewertung der Umweltindikatoren $U_1$ und $U_2$

| Indikatoren für Treibhausgasemissionen | Eigenschaften [28] | |
|---|---|---|
| | Unterschiedliche | Gemeinsame |
| $U_1$: **Emissionsniveau, referenziert auf 1990** (aktuelles Emissionsniveau/ Emissionsniveau im Jahr 1990) | *Nutzerakzeptanz:* hoch *Vergleichbarkeit:* hoch innerhalb eines Landes | *Begriffsnähe:* hoch *Genauigkeit:* hoch *Aktualität von Indikatorwerten:* hoch *Transparenz der Berechnungen:* sehr hoch |
| $U_2$: **Pro-Kopf-Emissionsniveau** (aktuelles Emissionsniveau/ Bevölkerungsumfang) | *Nutzerakzeptanz:* hoch *Vergleichbarkeit:* hoch bei Vergleichen für das gleiche Jahr | |

sollten daher parallel betrachtet werden. Der Indikator $U_1$ ist nützlich zur Bewertung *nationaler* Erfolge von Umweltstrategien zur Emissionsreduktion, während $U_2$ eine Einordnung des nationalen Stands in einen *internationalen* Kontext erlaubt.

### 3.3.2 Klimawandel: Input an erneuerbaren Energien

Neben der Messung der Treibhausgasemissionen als wichtigem Output-Indikator spielen für den Klimawandel und seine Bekämpfung auch Informationen über die jeweils verwendeten Quellen (Input) bei der Energiegewinnung für die einzelnen Sektoren – vor allem Strom-, Wärme- und Kälteerzeugung sowie Verkehr – eine große Rolle, also die Frage nach dem Umfang des Einsatzes fossiler Brennstoffe (hauptsächlich Erdöl und Kohle) einerseits bzw. erneuerbarer Energieträger andererseits (vor allem Biomasse, Windenergie, Photovoltaik, Biokraftstoffe, Wasserkraft).[29]

Der nachstehende Umweltindikator $U_3$ bezeichnet den Anteil erneuerbarer Energie am gesamten Energiekonsum der Endverbraucher, dem sog. **Bruttoendenergieverbrauch,** der Übertragungsverluste und den Eigenverbrauch der Kraftwerke einschließt:

---

[28] Zur Methodik siehe die einschlägigen Veröffentlichungen der Europäischen Umweltagentur. Dies gilt analog für Tab. 3.11 und Tab. 3.12.
[29] Wo Atomenergie einzuordnen ist, wird in der EU kontrovers diskutiert.

## 3.3 Umweltindikatoren

$U_3$ = Energie aus erneuerbaren Energiequellen/Bruttoenergieverbrauch der Endverbraucher.

Der Wert von $U_3$ wird üblicherweise mit 100 multipliziert und daher in % ausgewiesen. Für Deutschland lag er 2005 nach Angaben des Umweltbundesamts bei 7,2 %, im Jahr 2023 dreimal so hoch bei 21,6 %. Damit nimmt Deutschland in Europa eine Position im Mittelfeld ein, deutlich hinter den skandinavischen Ländern. Der Wert $U_3$ in 2023 etwa für Dänemark betrug 44,9 %.[30]

Der Indikator $U_3$ differenziert nicht zwischen den Sektoren Stromerzeugung, Erzeugung von Wärme und Kälte sowie Verkehr. Um die Situation in jedem dieser drei Sektoren erfassen zu können, kann man separate Indikatoren definieren ($U_4$ bis $U_6$). Der Indikator $U_4$ misst den **Anteil erneuerbarer Energien am Bruttostromverbrauch,** also am Stromverbrauch einschließlich der unvermeidbaren Netzverluste und der Eigenverbräuche von Kraftwerken:

$U_4$ = Zur Stromerzeugung eingesetzte erneuerbare Energie/Bruttoenergieverbrauch zur Stromerzeugung.

Der **Anteil erneuerbarer Energien am Gesamtenergieverbrauch zur Wärme- und Kälteerzeugung** lässt sich anhand des nachstehenden Indikators $U_5$ definieren:

$U_5$ = Zur Wärme- und Kälteerzeugung eingesetzte erneuerbare Energie/Bruttoenergieverbrauch zur Wärme- und Kälteerzeugung.

Analog ist der hier mit $U_6$ bezeichnete **Anteil erneuerbarer Energien am Gesamtenergieverbrauch im Verkehrssektor** festgelegt:

$U_6$ = Im Verkehrssektor eingesetzte erneuerbare Energie/Bruttoenergieverbrauch im Verkehrssektor.

---

[30] Quelle für Deutschland: *Umweltbundesamt* (https://www.umweltbundesamt.de/themen/klima-energie/erneuerbare-energien/erneuerbare-energien-in-zahlen/arbeitsgruppe-erneuerbare-energien-statistik, für andere EU-Länder auch *Eurostat* (https://ec.europa.eu/eurostat/de/data/database, dort unter „EU-Politikbereiche/Nachhaltigkeitsindikatoren", Ziel 7: „Bezahlbare und saubere Energie").

Auch die Indikatoren $U_4$ bis $U_6$ werden in % ausgewiesen. Ihre Werte für den Zeitraum von 2005 bis 2023 sind in Abb. 3.1 visualisiert, wobei die Werte für 2023 betont sind ($U_4 = 52{,}5$; $U_5 = 17{,}7$; $U_6 = 7{,}5$).
Aus Abb. 3.1 ist zu ersehen, dass der Anteil erneuerbarer Energien zur Stromerzeugung in den letzten 20 Jahren in Deutschland stark gestiegen ist, während er vor allem im Verkehrssektor niedrig blieb und auch bei der Wärmeerzeugung eher stagnierte.

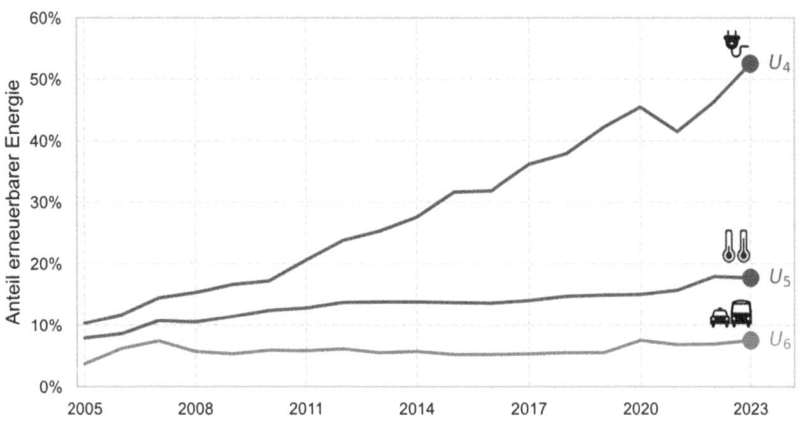

**Abb. 3.1** Anteile erneuerbarer Energien in den Sektoren „Strom", „Wärme/Kälte" und „Verkehr" in Deutschland (Daten: Umweltbundesamt/Arbeitsgemeinschaft „EE-Statistik")

**Tab. 3.11** Bewertung der Umweltindikatoren $U_3$ - $U_6$

| Indikatoren zum Einsatz erneuerbarer Energien | Eigenschaften |
|---|---|
| $U_3$: **Anteil erneuerbarer Energien am gesamten Energieverbrauch** | *Begriffsnähe:* hoch<br>*Nutzerakzeptanz:* hoch |
| $U_4$ - $U_6$: **Anteil erneuerbarer Energien** an der insgesamt<br>• **bei der Stromerzeugung** ($U_4$)<br>• **bei der Wärme- und Kälteerzeugung** ($U_5$)<br>• **im Verkehrssektor** ($U_6$)<br>eingesetzten Energie. | *Genauigkeit:* hoch<br>*Vergleichbarkeit:* hoch<br>*Aktualität von Indikatorwerten:* hoch<br>*Transparenz der Berechnungen:* sehr hoch |

3.3 Umweltindikatoren

### 3.3.3 Verbrauch natürlicher Ressourcen und Recycling

Die für die Produktion von Waren und die Erbringung von Dienstleistungen eingesetzten natürlichen Ressourcen sind nicht unbegrenzt auf der Erde vorhanden. Es ist daher ein immer wichtiger werdendes Ziel der Politik, den Verbrauch an natürlichen Ressourcen[31] laufend zu erfassen und langfristig zu senken, z. B. durch Aufbau und Stärkung von Elementen einer Kreislaufwirtschaft.[32]

Ein Indikator, mit dem der Sachverhalt „Verbrauch natürlicher Ressourcen" abgebildet werden kann, ist der mit $U_7$ abgekürzte **Material-Fußabdruck pro Kopf**. Er wird in Tonnen ausgewiesen und berücksichtigt den Verbrauch an Rohstoffen in der gesamten Produktions- und Lieferkette, also auch den aus Importen und Exporten.

$U_7$ = Verbrauch an natürlichen Ressourcen/Bevölkerungsumfang.

Abb. 3.2 zeigt die Werte des Indikators $U_7$ für die Länder der EU im Jahr 2023. Dabei wird deutlich, wie groß die Spannweite dieses Indikators ist – Finnland verzeichnete mit 46,2 t einen Pro-Kopf-Ressourcenverbrauch, der mehr als 7-mal so hoch war wie der in den Niederlanden gemessene Wert von 6,1 t (Deutschland: 14,4 t).[33]

Die Unterschiede lassen sich unter anderem auf den unterschiedlichen Entwicklungsstand von Recyclingsystemen in den einzelnen Ländern erklären. Dieser Sachverhalt kann über den **Anteil der wiederverwendeten natürlichen Ressourcen** erfasst werden, der hier mit $U_8$ bezeichnet sei:

$U_8$ = Menge der wiederverwendeten natürlichen Ressourcen/Menge aller verbrauchten natürlichen Ressourcen.

---

[31] Zu den natürlichen Ressourcen zählen vor allem nicht-metallische Mineralien, die zur Herstellung von Zement, Kalk, Glas und Keramik benötigt werden, daneben Biomasse, Träger fossiler Energie wie Kohle, Erdöl und Gas sowie Metallerze.
[32] Schonender Ressourcenverbrauch ist auch als Ziel 12 im Katalog der Sustainable Development Goals der Vereinten Nationen zu finden.
[33] Die in Abb. 3.2 wiedergegebenen Pro-Kopf-Werte für $U_7$ findet man in der Eurostat-Datenbank, Pfad „Indikatoren der Kreislaufwirtschaft/Materialfußabdruck". Bei der Europäischen Umweltagentur sind sie zusammen mit den Daten von 2010 veranschaulicht, Pfad „Analysis and data/Indicators".

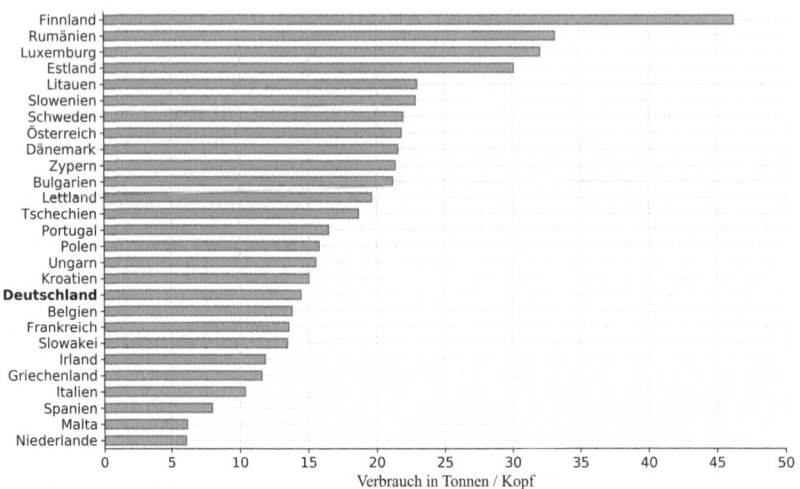

**Abb. 3.2** Pro-Kopf-Verbrauch an natürlichen Ressourcen 2023 in den Ländern der EU-27

Der Indikator wird in % ausgewiesen, also mit 100 multipliziert. Die Werte für die Länder der EU-27 im Jahr 2023 sind in Abb. 3.3 visualisiert.[34]

Die Abb. 3.2 und 3.3 zu entnehmenden Aussagen ergänzen sich zu einem gewissen Grad. Besonders auffällig ist das für die Niederlande, dem Land mit dem niedrigsten Pro-Kopf-Verbrauch an natürlichen Ressourcen und gleichzeitig mit der höchsten Recyclingquote (30,6 %). Ähnliche, wenn auch nicht so eineindeutige Zusammenhänge gibt es auch für andere Länder, zum Beispiel für Finnland und Rumänien. Deutschland lag deutlich unter der Recyclingquote der Niederlande, schnitt aber mit 13,9 % besser ab als etwa zwei Drittel der EU-Staaten.

---

[34] Die Werte von $U_8$ aus Abb. 3.3 sind der Eurostat-Datenbank entnommen, Pfad „Umwelt/Materialflussrechnung und Ressourcenproduktivität/Zirkuläre Materialnutzungsrate" (Werte z. T. imputiert).

## 3.4 Weitere praxisrelevante Indikatoren

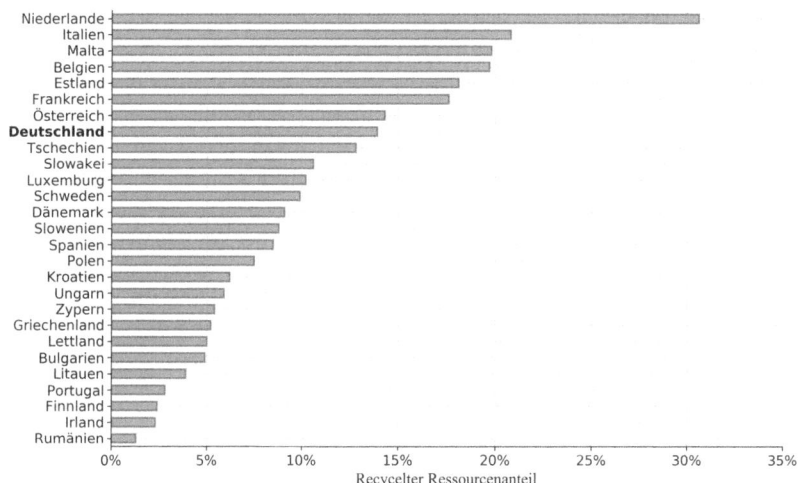

**Abb. 3.3** Anteil der recycelten natürlichen Ressourcen 2023 in den Ländern der EU-27

**Tab. 3.12** Bewertung der Umweltindikatoren $U_7$ und $U_8$

| Indikatoren zum Verbrauch natürlicher Ressourcen | Eigenschaften |
|---|---|
| $U_7$: **Verbrauch an natürlichen Ressourcen/Kopf** | *Begriffsnähe:* hoch<br>*Nutzerakzeptanz:* hoch<br>*Genauigkeit:* hoch<br>*Vergleichbarkeit:* hoch<br>*Aktualität von Indikatorwerten:* hoch<br>*Transparenz der Berechnungen:* sehr hoch |
| $U_8$: **Anteil der wiederverwendeten natürlichen Ressourcen** | |

## 3.4 Weitere praxisrelevante Indikatoren

### 3.4.1 Lebensqualität

Die Lebensqualität in einem Land wird durch dessen Wirtschaftsleistung nur unzureichend erklärt. Um sie besser abzubilden, hat das Statistikbüro der Vereinten Nationen den **Human Development Index (HDI)** entwickelt. Dieser zusammengesetzte Indikator führt drei Determinanten von Lebensqualität zusammen, nämlich Gesundheit (G), Bildungsstand (B) und Lebensstandard (L). Der

Gesundheitsstatus G wird durch die Lebenserwartung Neugeborener dargestellt, der Bildungsstand B durch das arithmetische Mittel $(B_1+B_2)/2$ aus der durchschnittlichen Dauer $B_1$ des Schulbesuchs Erwachsener und der für Kinder im Einschulungsalter erwarteten Dauer $B_2$ des Besuchs von Bildungseinrichtungen. Als Indikator L für den Lebensstandard wird der mit Kaufpreisparitäten umgerechnete Wert des BIP/Kopf verwendet.[35] Letzterer ist allerdings nur bedingt zur Messung des Lebensstandards geeignet ist, weil L ein Wertschöpfungsindikator ist und zudem nichts über die Verteilung ökonomischer Ressourcen in einem Land aussagt. Außerdem ist zu beachten, dass die Indikatoren G, B und L unterschiedlich stark korreliert sein können. Allein dadurch ist es möglich, dass sie de facto mit unterschiedlichen Gewichten in die resultierenden HDI-Werte eingehen.

Der hier mit $H_1$ abgekürzte **Human Development Index (HDI)** errechnet sich als geometrisches Mittel aus den drei normierten (Teil-) Indikatoren, die mit g, b und l bezeichnet seien:[36]

$$H_1 = (g \cdot b \cdot l)^{1/3}.$$

Da die Indikatoren g, b und l nur Werte zwischen 0 und 1 annehmen, gilt dies auch für $H_1$. Der HDI-Wert für Deutschland lag 2022 bei $H_1 = 0{,}950$ – nicht weit entfernt vom Spitzenwert, den die Schweiz mit 0,967 einnahm. Ganz unten im Ranking der betrachteten Länder lag Somalia mit $H_1 = 0{,}380$.[37]

Ergänzend zum HDI bietet das Statistikbüro der Vereinten Nationen auch Varianten an, die den HDI um je eine weitere Dimension ergänzen. Als Beispiel sei der mit $H_2$ abgekürzte **Planetary-adjusted Human Development Index (PHDI)** erwähnt. Dieser Indikator berücksichtigt zusätzlich den ökologischen Fußabdruck eines Landes. Zu seiner Messung wird ein weiterer zusammengesetzter Indikator P verwendet, der den ökologischen Pro-Kopf-Fußabdruck („planetary

---

[35] Die Werte der drei Indikatoren G, B und L werden auf das Intervall [0;1] normiert. Die technischen Details findet man z. B. unter https://de.wikipedia.org/wiki/Index_der_menschlichen_Entwicklung.

[36] Die multiplikative Verknüpfung von G, B und L wird von den UN seit 2010 angewendet. Sie hat den Vorteil, dass niedrige Werte bei einem der drei Indikatoren in geringerem Maße durch hohe Werte bei einem anderen Indikator kompensiert werden können. Die HDI-Werte der Länder werden so stärker als bei der vor 2010 praktizierten (arithmetischen) Mittelwertbildung gespreizt. Details und Begründungen zur Methodik der aktuellen HDI-Berechnung sind zugänglich unter https://data.un.org/_Docs/FAQs_2011_HDI.pdf.

[37] Vgl. den Tabellenanhang im 2024 erschienenen UN-Bericht zum HDI für das Referenzjahr 2022 unter https://hdr.undp.org/system/files/documents/global-report-document/hdr2023-24reporten.pdf.

## 3.4 Weitere praxisrelevante Indikatoren

pressure") repräsentieren soll – neben Treibhausgasemissionen auch den materiellen Pro-Kopf-Ressourcenverbrauch einschließlich der mit letzteren verbundenen materiellen Beeinträchtigungen von Wasser und Boden. Der Indikator P ist ebenfalls normiert, wobei $P = 0$ den Idealfall gänzlich fehlender Umweltbelastungen darstellt. Die nachstehend mit $H_2$ bezeichnete HDI-Variante PHDI ergibt sich durch eine Diskontierung von $H_1$ gemäß

$$H_2 = (1 - P) \cdot H_1.$$

Dem Umweltaspekt wird somit ein grundsätzlich höheres Gewicht als den anderen berücksichtigen Aspekten beigemessen.[38] Im Jahr 2022 lag der Wert von $H_2$ für Deutschland mit 0,833 etwa 12,3% unter dem von $H_1$.[39] Am größten fiel der Unterschied zwischen $H_1$ und $H_2$ bei Qatar aus. Für dieses Land lag der Wert $H_2 = 0,450$ beachtliche 48,6 % unter dem von $H_1 = 0,875$. Es ist nicht überraschend, dass sich $H_1$ und $H_2$ bei Ländern mit sehr niedrigem Wert von $H_1$ kaum unterscheiden. Für Somalia lag $H_2$ z. B. mit 0,376 nur etwa 1,1 % unter $H_1$.

Nur erwähnt sei noch ein alternativer Ansatz zur Messung von Lebensqualität, der **Better Life Index** der *OECD Organisation for Economic Co-operation and Development (OECD)*.[40] Für ihn liegen Werte aus den 34 OECD-Staaten sowie aus China, Indien, Indonesien und Südafrika vor. Der Index deckt 11 Sachverhalte ab. Diese beziehen sich sowohl auf materielle Themenfelder (z. B. Wohnsituation, Einkommen und Beschäftigung) wie auch auf nicht-materielle Aspekte von Lebensqualität (etwa Gesundheit, Sicherheit und Work-Life-Balance). Die für die einzelnen Sachverhalte verwendeten Indikatoren sind so normiert, dass sie nur Werte von 0 bis 10 annehmen. Sie basieren teilweise auf amtlichen Daten, teilweise auch auf Befragungen (Selbsteinschätzungen), die vom Meinungsforschungsinstitut Gallup durchgeführt werden. So wird z. B. der Aspekt „Gesundheit" teilweise über die Lebenserwartung Neugeborener und teilweise anhand subjektiver Einschätzungen erfasst. Aus den Indikatorwerten für die 11 Sachverhalte wird ein Gesamtwert durch Mittelwertbildung errechnet. Die 11 Werte gehen also mit formal gleichem Gewicht in den zusammengesetzten Indikator ein. Die OECD bietet zusätzlich ein interaktives Tool an, das es ermöglicht, die Gewichte auf der Basis eigener Präferenzen zu verändern.

---

[38] Zu den Daten für P siehe die vorige Fußnote.
[39] Eine vergleichende interaktive Visualisierung von HDI- und PHDI-Werten für das Referenzjahr 2023 ist für 28 ausgewählte Länder unter https://www.mittag-statistik.de/app/hdi/ verfügbar.
[40] Vgl. unter https://www.oecdbetterlifeindex.org/de/ insbesondere den Menüpunkt „FAQ".

**Tab. 3.13** Bewertung der zusammengesetzten Indikatoren $H_1$ und $H_2$

| Indikatoren für Lebensqualität | Eigenschaften | |
|---|---|---|
| | Unterschiedliche | Gemeinsame |
| $H_1$: **Human Development Index (HDI)** | *Begriffsnähe:* eingeschränkt; Umwelt- und Verteilungsaspekte innerhalb einer Gesellschaft bleiben unberücksichtigt, zudem wird der Lebensstandard durch einen Produktionsindikator gemessen<br>*Nutzerakzeptanz:* hoch | *Genauigkeit:* gering, weil Daten aus Ländern mit sehr unterschiedlichen statistischen Systemen eingehen<br>*Vergleichbarkeit:* eingeschränkt (Zeitreihenbruch durch Änderung der Methodik im Jahr 2010)<br>*Aktualität von Indikatorwerten:* hoch<br>*Transparenz der Berechnungen:* gering aufgrund der Komplexität der Methodik |
| $H_2$: **Planetary-adjusted Human Development Index (PHDI)** | *Begriffsnähe:* ebenfalls eingeschränkt; berücksichtigt zwar Umwelt-, nicht aber Verteilungsaspekte (hierfür gibt es weitere HDI-Varianten); das Problem der Messung des Lebensstandards bleibt unverändert erhalten<br>*Nutzerakzeptanz:* gering, da noch wenig bekannt | |

## 3.4.2 Verteidigungsfähigkeit eines Landes

Aufgrund der jüngeren weltpolitischer Ereignisse ist die Verteidigungsfähigkeit von Ländern wieder stärker in das Interesse der öffentlichen Meinung gerückt. Als Indikator $M_1$ für den Grad der Verteidigungsfähigkeit wird häufig das **Verhältnis der Militärausgaben zum Bruttoinlandsprodukt (BIP)** herangezogen:

$$M_1 = \text{Militärausgaben/BIP},$$

üblicherweise ausgewiesen in %. Im Jahr 2024 belief sich $M_1$ für Deutschland auf ca. 1,9 %, erreichte damit fast die NATO-Zielgröße von mindestens 2 %[41]. Im internationalen Vergleich besonders hoch war 2024 erwartungsgemäß der Wert für die Ukraine (34,5 %), aber auch die Werte von Saudi-Arabien (7,3 %), Russland (7,1 %), Israel (8,8 %) und den USA (3,4 %) lagen oberhalb von 2 %. Der Wert für China im Jahr 2024 betrug 1,7 %.

---

[41] Die Zielgröße von 2 % soll bis 2035 auf 5 % angehoben werden (davon 1,5 % für verteidigungsrelevante Infrastrukturmaßnahmen).

### 3.4 Weitere praxisrelevante Indikatoren

**Tab. 3.14** Bewertung der Indikatoren $M_1$ und $M_2$

| Indikatoren für Verteidigungsfähigkeit | Eigenschaften | |
|---|---|---|
| | Unterschiedliche | Gemeinsame |
| $M_1$: **Verhältnis der Militärausgaben zum BIP** (Militärausgaben/BIP) | *Nutzerakzeptanz:* hoch<br>*Vergleichbarkeit:* hoch | *Begriffsnähe:* eingeschränkt, da Militärausgaben nur bedingt etwas über die Verteidigungsfähigkeit eines Landes aussagen<br>*Genauigkeit:* eingeschränkt, weil hier Daten aus Ländern mit sehr unterschiedlichen statistischen und Budgetierungssystemen eingehen<br>*Aktualität von Indikatorwerten:* hoch<br>*Transparenz der Berechnungen:* gering aufgrund von Geheimhaltung |
| $M_2$: **Militärausgaben pro Kopf** (Militärausgaben/ Bevölkerungsbestand) | *Nutzerakzeptanz:* im Vergleich zu $M_1$ geringer<br>*Vergleichbarkeit von Indikatorwerten:* im Vergleich zu $M_1$ eingeschränkt durch den Einfluss der Wechselkurse | |

Daten zu $M_1$ werden jährlich vom schwedischen *Friedensforschungsinstitut SIPRI* (Stockholm *I*nternational *P*eace *R*esearch *I*nstitute) veröffentlicht.[42] SIPRI publiziert daneben auch weitere Indikatoren, z. B. die hier mit $M_2$ bezeichneten **Militärausgaben pro Kopf:**

$$M_2 = \text{Militärausgaben/Bevölkerungsumfang}.$$

Der Wert von $M_2$ wird in nationaler Währung wie auch in US-Dollar ausgewiesen. Im letztgenannten Fall hängen die Werte des Indikators vom verwendeten Wechselkurs der nationalen Währung zum US-Dollar ab. Der höchste Wert für $M_2$ in US-Dollar entfiel 2024 auf Israel (2992), gefolgt von den USA (2895), Singapur (2591), Saudi-Arabien (2386), Kuwait (1595) und der Ukraine (1728). Deutschland lag mit Pro-Kopf-Ausgaben von 1044 US-Dollar knapp vor Russland (1026) und deutlich vor China (221).[43]

---

[42] Die SIPRI-Daten zu Militärausgaben sind unter https://milex.sipri.org/sipri eingestellt. Hier findet man auch Meta-Daten, etwa zur Operationalisierung des Begriffs „Militärausgaben". Die Daten für autoritär regierte Staaten beruhen i. d. R. auf Schätzungen, deren Qualität schwer zu beurteilen ist.

[43] Eine interaktive Visualisierung von Militärausgaben (absolute, in % des BIP und pro Kopf) ist für 25 ausgewählte Länder unter https://www.mittag-statistik.de/app/militaer/ zugänglich.

# Fazit und Schlussfolgerungen 4

Im Schlusskapitel geht es um Empfehlungen für die Praxis zur sachadäquaten Anwendung statistischer Indikatoren.

Es dürfte kaum einen Bereich geben, in dem statistische Indikatoren eine derart herausragende Bedeutung für Projekte, Analysen, Prognosen und Politiken haben wie in den Politikfeldern Wirtschaft, Soziales und Umwelt. Das hängt mit der großen gesellschaftlichen Bedeutung dieser Bereiche zusammen, aber auch damit, dass gerade hier viele Sachverhalte nicht direkt messbar sind.

Aus dieser Bedeutung ergibt sich eine besondere Verantwortung der Anwender dieser Indikatoren bei ihrer Auswahl und Nutzung. Grundsätzlich sollten nur solche Indikatoren verwendet werden, die möglichst nahe am eigentlich interessierenden Sachverhalt sind. Außerdem sollten sie auch alle anderen wünschenswerten Eigenschaften von Indikatoren – Genauigkeit, Nutzerakzeptanz, Vergleichbarkeit, Aktualität, Berechnungstransparenz – möglichst gut erfüllen, ohne mögliche Trade-Offs zwischen den Indikatoren außer Acht zu lassen. Zudem sollte auf die Versuchung der Nutzung von Indikatoren verzichtet werden, nur weil sie leicht verfügbar oder leicht berechenbar sind.

Die Einhaltung dieser Grundsätze hat eine Reihe wünschenswerter Konsequenzen. Zum einen führt sie zur Auswahl des für den jeweiligen Sachverhalt relativ besten Indikators. Zum anderen wird das Problem konkurrierender Indikatoren minimiert. Nicht selten werden in der Realität auf den ersten Blick widersprüchliche Aussagen über ein- und denselben Sachverhalt aufgrund der Verwendung unterschiedlicher Indikatoren getroffen. Dabei wird de facto unterstellt, dass alle benutzten Indikatoren grundsätzlich gleich gut zur Darstellung des Sachverhalts geeignet sind. Das wird aber in den allermeisten Fällen nicht der Fall sein. Durch Betrachtung ihrer Eigenschaften wird sich in allen praktischen Fällen eine Rangordnung der Indikatoren ergeben. Dann sollte für den jeweiligen Zweck auch nur der Indikator benutzt werden, der den anderen hinsichtlich seiner Eigenschaften überlegen ist. Damit kann auch dem Vorwurf der Erzielung beliebiger Ergebnisse beim Einsatz von Indikatoren wirkungsvoll begegnet werden.

Trotzdem werden immer wieder Fälle auftreten, in denen keiner der verfügbaren Indikatoren wirklich geeignet erscheint, einen Sachverhalt realitätsnah abzubilden. In diesem Fall gibt es zwei Lösungsmöglichkeiten: Man kann zum einen versuchen, einen neuen, d. h. besser geeigneten Indikator zu entwickeln und anzuwenden. Dieser Ansatz ist in der Regel mit hohen Kosten verbunden und deshalb eher unrealistisch. Alternativ nimmt man aus der Menge der nur bedingt geeigneten Indikatoren den relativ besten. Dieser Weg ist zwar nicht ideal, kann aber gerade bei zusammengesetzten Indikatoren dadurch verbessert werden, dass zusätzliche Verfahren zur Ergebnisabsicherung eingesetzt werden, z. B. Simulationen oder Sensitivitätsanalysen.

Wenn all diese Forderungen und Überlegungen von Politikern, Journalisten, Projektmanagern, Wissenschaftlern sowie Verantwortlichen in Beratungsfirmen berücksichtigt werden, ist selbst gegen eine Anwendung von aus methodischer Sicht nicht optimalen Indikatoren kaum etwas einzuwenden. Entscheidend ist, dass stets alle relevanten Aspekte in die jeweiligen Überlegungen zur möglichst realitätsnahen Abbildung eines nicht direkt messbaren Sachverhalts einbezogen werden.

# Was Sie aus diesem *essential* mitnehmen können

- Für die Erfassung und das Monitoring eines nicht direkt messbaren Sachverhalts stehen alternativ meist mehrere statistische Indikatoren zur Verfügung.
- Bei der Auswahl eines geeigneten Indikators kann man sich auf ein festes Set von Gütekriterien stützen.
- Auch zusammengesetzte Indikatoren können bei mehrdimensionalen Sachverhalten sinnvoll eingesetzt werden, wenn die mit ihrem Einsatz verbundenen zusätzlichen methodischen Probleme adäquat berücksichtigt werden.
- Statistische Indikatoren sind unverzichtbare Instrumente, nicht nur in der Politik. Ihr Einsatz erfordert eine an klaren Bewertungsregeln orientierte Handhabung.

# Literatur

Fahrmeir, L. / C. Heumann / R. Künstler / I. Pigeot / G. Tutz (2023): *Statistik*, 9. Auflage, Springer Verlag, Berlin – Heidelberg.

Grünewald, W. (1987): *Messung der Fruchtbarkeit*. Arbeiten aus der Statistik, Universität Bamberg.

Meyer, W. (2017): *Einführung in die Grundlagen der Entwicklung von Indikatoren*. In: A. Wroblewski / U. Kelle / F. Reith (Hrsg.), Gleichstellung messbar machen, Kap. 1. Springer VS, Wiesbaden.

Meyer, W. (2023): *Die vier Funktionen von Indikatoren*. In: Mörtel, J. / A. Nordmann / O. Schlandt (Hrsg.), Indikatoren in Entscheidungsprozessen. Springer VS, Wiesbaden.

Mittag, H.-J. / K. Schüller (2023): *Statistik – eine interdisziplinäre Einführung mit interaktiven Elementen*, 7. Auflage, Springer Verlag, Berlin – Heidelberg.

OECD / European Union / EC-JRC (2008): *Handbook on Constructing Composite Indicators: Methodology and User Guide*, OECD Publishing, Paris.

Rottenburg, R. / S. E. Merry / S.-J. Park / J. Mugler (2015): *The World of Indicators*, Cambridge University Press.

springer-spektrum.de

# Statistik

Hans-Joachim Mittag · Katharina Schüller

Eine interdisziplinäre Einführung mit interaktiven Elementen

7. Auflage

*Innovativ, interdisziplinär, interaktiv!*

LEHRBUCH

Springer Spektrum

**Jetzt bestellen:**
link.springer.com/978-3-662-68223-4

The manufacturer's authorised representative in the EU is Springer Nature Customer Service Centre GmbH, Europaplatz 3, 69115 Heidelberg, Germany. If you have any concerns regarding our products, please contact ProductSafety@springernature.com

Printed and bound by CPI Group (UK) Ltd, Croydon, CR0 4YY
23/03/2026
02076400-0003